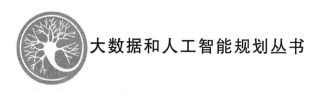

大数据和人工智能规划丛书

数据中心基础设施运维基础教程

冷　飚　主编

U0291219

北京邮电大学出版社
www.buptpress.com

内 容 简 介

本书涵盖了运维工作的五大专业领域:分别对电气、空调暖通、弱电、消防及安防运维管理工作进行了讲解与阐述,内容通俗易懂,将宽泛、复杂、枯燥的建设规范、行业规范、理论知识及运维经验进行了分解与充分融合。本书具有前瞻性、可操作性、实用性的特点,是一本非常重要的数据中心基础设施维护工作指导用书,可快速提升从业人员的运维管理水平及能力。

本书面向群体广泛,可以作为新入行的基础设施运维人员或运维管理人员的参考资料。本书对培养基础设施运维工程师精益求精、严谨专注的"匠人"精神具有重要意义。

图书在版编目（CIP）数据

数据中心基础设施运维基础教程 / 冷飚主编 . -- 北京：北京邮电大学出版社，2020.5（2023.10重印）
ISBN 978-7-5635-5982-4

Ⅰ.①数… Ⅱ.①冷… Ⅲ.①机房－基础设施建设 Ⅳ.①TP308

中国版本图书馆 CIP 数据核字（2020）第 012400 号

策划编辑:姚　顺　刘纳新　　　　责任编辑:满志文　　　　封面设计:柏拉图

出版发行：北京邮电大学出版社
社　　　址：北京市海淀区西土城路 10 号
邮政编码：100876
发 行 部：电话：010-62282185　传真：010-62283578
E-mail：publish@bupt.edu.cn
经　　　销：各地新华书店
印　　　刷：保定市中画美凯印刷有限公司
开　　　本：787 mm×1 092 mm　1/16
印　　　张：11.5
字　　　数：292 千字
版　　　次：2020 年 5 月第 1 版
印　　　次：2023 年 10 月第 5 次印刷

ISBN 978-7-5635-5982-4　　　　　　　　　　　　　　　　定　价：35.00 元

· 如有印装质量问题,请与北京邮电大学出版社发行部联系 ·

大数据和人工智能规划丛书

顾 问 委 员 会

吴奇石　黄永峰　吴　斌　欧中洪

编 委 会

名誉总主编：马少平

总　主　编：许云峰　徐　华

编　　　委：康艳梅　朱卫平　沈　炜　冷　飚

　　　　　　孙　艺　高　慧　高　崇

总　策　划：姚　顺

秘　书　长：刘纳新

本书编委会

主　　编：冷　飚

副 主 编：李　良　　　徐　骏　　　王志国　　　于晓宇

参　　编：姚　遂　　　李曙光　　　刘水清　　　王　磊

　　　　　郁　磊　　　张刚尔　　　宁培杰　　　李卫国

　　　　　彭　飞　　　王　鹏　　　高志强　　　韩　吉

　　　　　王智华　　　刘阿海蛟　　胡　涛　　　芬亚男

　　　　　刘　峰　　　李　杨　　　于昌旺

前　言

　　自"十三五"规划建议明确提出实施国家大数据战略以来,随着移动互联网、物联网、云计算行业的深入发展,大数据体量呈现爆发式增长,大数据产业已成为推动经济高质量发展的新动力。作为大数据产业的基础设施,数据中心行业一直呈现高速发展态势。在全国数据中心建设数量快速增长的背景下,数据中心基础设施运维管理人才短缺的问题却日趋严重,已成为制约行业发展的重要因素。为提升数据中心基础设施运维从业人员的整体技能水平,指导有关企业、教育机构的培训有效实施,更好地支撑业务发展,特编写本书。

　　由北京中航信柏润科技有限公司牵头,在广泛征求数据中心行业各方意见的基础上,组织技术专家、社会高等院校有关专业学术带头人等,联合编写了本书。本书简明扼要、切合实际,具有较强的系统性和实用性。

　　本书共分为6章,包括:数据中心概述、电气系统、暖通系统、弱电系统、消防系统和安防系统。第1章系统地描述了数据中心以及基础设施的概念与架构,提出了数据中心基础设施的建设原则及管理目标。第2～6章主要对数据中心基础设施系统及相关专业设备在数据中心内的应用方式、功能、运行、配置及运维管理进行阐述与介绍。本书内容深入浅出、图文并茂、重于实用,旨在为初涉数据中心基础设施运维工作的从业人员,或希望通过系统学习提高自身技术能力的从业人员提供参考。我们本着"交流、分享、融合、创新"的理念,以开放的心态,与读者分享北京中航信柏润科技有限公司在数据中心行业所做的人员培训探索,希望为行业发展提供助力。

　　本书由冷飚担任主编,李良、徐骏、王志国、于晓宇担任副主编。由于编者的水平有限,以及相关技术在不断变化,书中难免存在不足之处,恳请各位专家和读者批评指正。

编　者

目　　录

第 1 章

数据中心基础设施概述

5G 时代日趋临近,人工智能、无人驾驶、大视频、工业互联网等诸多领域正蓄势待发,准备迎来新一轮突破性发展。届时,这些尖端技术将从方方面面影响人们的工作和生活,使其更为高效、舒适、便捷。而数据中心作为数据存储、处理、交换及传输的枢纽,乃是这些重要技术革新得以实现的基础;数据中心的快速发展和广泛应用,乃是 5G 时代数据爆发式增长之势所趋。

1.1 数据中心基础设施的概念、组成及功能

谷歌公司在其发布的 *The Datacenter as a Computer* 一书中,将数据中心解释为"多功能的建筑物,能容纳多个服务器以及通信设备。这些设备被放置在一起是因为它们具有相同的对环境的要求以及物理安全上的需求,并且这样放置便于维护",而"并不仅仅是一些服务器的整合"。由此可见,数据中心并不仅意味着众多的服务器。在物理空间上,服务器机房只占整个数据中心的一小部分,其余的大部分空间则是为满足这些服务器对能源及环境的需求而配置的"辅助设备",诸如:柴油发电机组、蓄电池、冷水机组、精密空调、消防设备、各类监控设备等,这些设备统称为数据中心基础设施。

数据中心基础设施一般由供配电系统、空调暖通系统、弱电系统、消防系统和安防系统组成。其功能分别为保障 IT 机房连续供电、为 IT 机房提供持续冷源、监控现场设备及环境运行状态、火灾报警及自动灭火、安全防范。这些看似复杂而独立的系统彼此间又有着千丝万缕的联系,从而构成了一个更为庞大的系统,这就为数据中心基础设施设计、施工及后期运维工作带来了巨大挑战。

1.2 数据中心基础设施的建设原则及管理目标

作为信息革命的集大成者,作为网络与通信、计算技术的中枢和大脑,数据中心基础设施的建设与管理必须充分重视其特性、发展趋势和性能要求,并符合下述原则。

1. 安全性

数据中心基础设施各系统的规划、设计、建设实施、运营等应符合高等级的国家标准或国

际标准,工作应安全可靠。要对结构设计、设备选型等各个方面进行高可靠性的设计和建设,避免出现单点故障。在管理方面,要规范现场管理制度及流程,避免因人为失误而引发的故障与风险。

2．稳定性

为避免因服务器宕机造成的损失,应确保数据中心基础设施连续、稳定运行。在建设期应确保设计方案的可用性,充分考虑因设备单点故障而造成的宕机风险,关键设备采用冗余设计;施工期应把控设备安装质量,避免因设备安装不当而为后期的使用带来不必要的麻烦;运维阶段应制定设备周期性维保方案及系统故障应急措施,并进行模拟演练。

3．经济性

数据中心基础设施设计方案应合理,容量不宜过大;设备选型应与设计方案充分匹配,不应单纯追求设备的先进性;管理方面应优化系统运行方案,增加节能管理措施,提高设备使用效率。

4．可管理性

数据中心宜采用智能化设计,利用先进的计算机技术、控制技术和通信技术,将整个机房的各种动力、环境设备子系统集成到一个总的监控和管理平台上,通过一个总的简单易用的图形用户界面,维护人员可以随时随地监控机房的任何一个设备,获取所需的实时和历史信息,进行高效的全局事件管理。这样,一方面可以提高对机房系统设备的管理水平,实现科学管理;另一方面也节省了人力,减轻了维护人员的劳动强度,提高了对突发事件的快速反应能力,减少了事故带来的危害和损失。

第2章

数据中心电气系统

电气专业的主要职责就是保证数据中心的整体电力情况的安全稳定运行,包括 IT 设备、IT 辅助设备、消防设备以及一些其他设备。

数据中心对电力的要求比较高,综合各方面的考虑,数据中心电力一般都是选用双路市电,且取自当地供电部门不同区域变电站或者同一区域变电站的不同母线段,除此之外,数据中心还需自备柴油发电机组,满足双路市电断电或者其他情况下,数据中心的电力安全运行。除此之外,数据中心亦设计有不间断电源(例如 UPS、DPS),放电时间应大于或者等于柴油发电机组启机、并机、送电等过程所消耗的时间。

2.1 电气系统设计思路

数据中心属于 7×24 小时运行行业,IT 用电设备与非 IT 用电设备运行也需要 7×24 小时不间断供电,为了满足这种高要求的工作性质,数据中心在设计建造的时候就会综合考虑分析,至少在设计上保证机房 7×24 小时的安全运行。双路市电、不间断电源以及柴油发供电的多重考虑之外,服务器均设计双路电源,一路接市电一路接 UPS 电源,高要求的服务器还会要求双 UPS 电源供电,重要辅助设备也会使用 UPS 电源供电,例如精密空调机组、冷冻水泵机组以及部分重要消防设备。综上所述,保证数据中心运营机房内的 IT 设备安全稳定地工作,不会因为电力的原因导致设备宕机,是电气系统设计的最终目的。

2.2 电气系统概述

2.2.1 电气系统子系统介绍

数据中心供配电系统主要包括的子系统如下:高压变配电系统、柴油发电机组系统、ATSE 系统、低压配电系统、UPS 及蓄电池系统、UPS 输出列头配电系统和机架配电系统。

高压配电系统:主要作用是将市电(6 kV/10 kV/35 kV,三相)通过变压器转换成(380 V/400 V,三相),供后级低压设备用电。

柴油发电机组系统：主要作用是作为后备(应急)电源，一旦市电断电，迅速启动为后级低压设备提供备用电源。

ATSE系统：自动转换开关系统，主要作用是自动完成市电与市电或者市电与UPS之间的备用电源切换。

低压配电系统：主要作用是电能分配，将前级的电能按照要求、标准与规范分配给各种类型的用电设备，如UPS、空调、照明设备等。

UPS及蓄电池系统：UPS主要作用是电能净化、为IT负载提供纯净、可靠的用电保护。蓄电池主要作用是电能后备，提供市电断电后IT设备不间断运行电能。

UPS输出列头配电系统：主要作用是UPS输出电能分配，将电能按照要求与标准分配给各种类型的用电设备，包括服务器、空调、冷冻水泵等。

机架配电系统：主要作用是机架内的电能分配。

2.2.2 数据中心对供配电系统的要求

数据中心对供配电系统的要求如下所述。

(1)连续：指电网不间断地供电。

(2)稳定：稳定指电网电压、频率稳定，波形失真小。GB 50174—2008对于电网稳定性要求如表2-1所示。

表2-1 GB 50174—2008对于电网稳定性要求

项目	技术要求			备注
	A级	B级	C级	
稳态电压偏移范围/(%)	±3		±5	—
稳态频率偏移范围/Hz	±0.5			电池逆变工作方式
输入电压波形失真度/(%)	≤5			电子信息设备正常工作时

GB 50174—2017对于电网稳定性要求如表2-2所示。

表2-2 GB 50174—2017对于电网稳定性要求

项目	技术要求			备注
	A级	B级	C级	
稳态电压偏移范围/(%)	−10～+7			交流供电时
稳态频率偏移范围/Hz	±0.5			交流供电时
输入电压波形失真度/(%)	≤5			电子信息设备正常工作时
允许断电持续时间/ms	0～10			不同电源进行切换时

要求供电电源质量稳定是为了保证数据和设备的安全。表2-1和表2-2中各项稳态指标的提出就意味着数据中心机房必须配置UPS，因为市电电网无法长时间处于上述指标之内，只有UPS的输出才会如此稳定。

(3)平衡：主要指三相电源平衡，即相角平衡、电压平衡和电流平衡。要求负载在三相之间平衡分配，主要是为了保护供电设备(如UPS)和负载。

（4）分类：分类就是对 IT 设备及周围辅助设备按照重要性分开处理供配电。分类的实质源于各负荷可靠性要求的不一致供配电系统。为不同可靠性要求的负荷配置不同的供配电系统，能够在保证安全的前提下有效的节约成本。

2.2.3 电能质量要求

《电能质量　供电电压偏差》(GB/T 12325—2008)对各等级电压的误差做出的详细规定如表 2-3 所示。

表 2-3　GB/T 12325—2008 对各等级电压的误差规定

名称	允许限值	说明
供电电压允许偏差	35 kV 及以上为正负偏差绝对值之和不超过 10% 10 kV 及以下三相供电为±7% 220 V 单相供电为+7%，−10%	衡量点为供用电产权分界处或电能计量点
电压允许波动和闪变	（1）电压波动： 10 kV 及以下为 2.5% 35 kV～110 kV 为 2% 220 kV 及以上为 1.6% （2）闪变 ΔVIO： 对照明要求较高，为 0.4%（推荐值） 一般照明负荷，0.6%（推荐值）	衡量点为电网公共连接点（PCC），取实测 95% 概率值 给出闪变电压限值和频度的关系曲线，可以根据电压波动曲线查得允许值，并给出算例 对测量方法和测量仪器做出基本规定
三相供电电压允许不平衡度	正常允许 2%，短时不超过 4% 每个用户一般不得超过 1.3%	各级电压要求一样 衡量点为 PCC，取实测 95% 概率值或日累计超标不超过 72 min，并且每 30 min 中超标不超过 5 min 对测量方法和测量仪器做出规定 提供不平衡算法

额定频率：50 Hz（国外为 50 Hz 或者 60 Hz）。

频率偏差：±0.2 Hz（≥3 000 MV 系统），±0.5 Hz（<3 000 MV 系统）。

国外：+（0.1～0.2）Hz±0.5 Hz，−（0.1～0.2）Hz±0.5 Hz。

质量标准：正弦波电压（三相电压不对称度不应超过额定电压的 5%）。

数据中心机房的供配电应满足《电子计算机场地通用规范》(GB/T 2887—2000)的规定，其供配电系统的频率为 50 Hz，单相电压为 220 V 或三相电压为 380 V，需要提供的电源相数为三相五线制或者三相四线制，单相为单相三线制。计算机和网络主干设备对交流电源的质量要求十分严格，对交流电的电压和频率、对电源波形的正弦性、对三相电源的对称性、对供电的连续性、可靠性、稳定性和抗干扰性等指标都要求保持在允许偏差范围内。此外，GB 50174—2008 中增加了两项重要指标："零地电压<2 V"和"不间断电源系统输入端谐波电流（THDI）含量（%）<15"。供配电系统容量应该视机房所配备设备情况而定，同时考虑系统扩展、升级的可能预留备用容量。

2.3 高压供配电系统

数据中心高压变配电系统是数据中心供配电系统联系市电供电网络和用户的中间环节，它起着变换和分配电能的作用。对于电压等级，该系统主要涉及 35 kV/10 kV/6 kV/3 kV 等电压等级。在国内数据中心的建设中，高压变配电系统的设计和实施的过程通常是由具备资质的专业设计机构和当地的供电机构协商完成。

2.3.1 电压选择

1. 标准电压

数据中心高压变配电系统的电压主要根据用电容量、用电设备特性、供电距离、供电线路的回路数、当地公共电网现状及其发展现状等因数综合考虑决定。

根据国家标准《标准电压》(GB/T 156—2007)，我国三相交流系统的标称电压和相关设备的最高电压如表 2-4 所示。

表 2-4　标称电压和相关设备的最高电压

系统的标称电压/kV	相关设备的最高电压/kV	系统的标称电压/kV	相关设备的最高电压/kV
0.22/0.38		6	7.2
0.38/0.66		10	12
1/(1.14)		20	24
3(3.3)	3.6	35	40.5

注：①上述电压均为线电压。②数据中心供电系统涉及的电压等级最高一般不超过 35 kV。③GB/T 156—2007 规定 3～6 kV 不得用于公共配电系统。

2. 送电能力

不同电压等级线路由于受制于线路种类和供电距离，其送电能力也各不相同，如表 2-5 所示。

表 2-5　送电能力

标称电压/kV	线路种类	送电容量/MW	供电距离/km	标称电压/kV	线路种类	送电容量/MW	供电距离/km
6	架空线	0.1～0.2	4～15	10	电缆	5	6 以下
6	电缆	3	3 以下	35	架空线	2～8	20～50
10	架空线	0.2～2	6～20	35	电缆	15	20 以下

数据来源：《工业与民用配电设计手册(第三版)》。

3. 配电电压选择

配电电压的高低取决于供电电压，用电设备的电压以及配电范围、负荷大小和分布情况等。对于数据中心而言,多采用 10 kV 和 35 kV 配电电压。10 kV 是当前数据中心接触到最多的高压变配电系统,相比于 6 kV 系统,10 kV 变配电系统有以下几种优势:

(1) 10 kV 系统相比较 6 kV 系统能够提供更大的负荷容量;

(2) 在配电线路方面,同样的输送功率和输送距离的条件下,配电电压越高,线路电流越小,因为线路采用的导线和电缆截面积越小,从而可降低线路的初期投资和金属耗量,并且减少线路的电能损耗和电压损耗;

(3) 在开关设备的投资方面,实际使用的 6 kV 开关设备的型号规格与 10 kV 基本相同,因此,10 kV 方案不会比 6 kV 方案增加多少;

(4) 在供电的可靠性和安全性方面,采用 6 kV 系统和 10 kV 系统差别不大;

(5) 在适应性方面,10 kV 系统优于 6 kV 系统。

4. 高压系统中性点接地

电力系统中中性点接地分为三种:中性点不接地,中性点经绕组(电阻或消弧线圈)接地及中性点直接接地。前两种成为非有效接地系统或小电流接地系统,后一种成为有效接地系统或大电流接地系统。确定电力系统中性点接地方式应从供电可靠性,内过电压,对通信线路的干扰,继电保护以及确保人身安全等全方面综合考虑。中性点运行方式如图 2-1 所示。

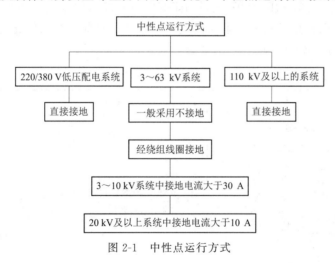

图 2-1　中性点运行方式

2.3.2　高压变配电系统接线

1. 变配电高压系统主接线的基本形式

变配电高压系统主接线的基本形式通常分为有汇流母线和无汇流母线两大类。汇流母线主要起汇集和分配电能的作用,也称汇流排。

(1) 有汇流母线:单母线、单母线分段、双母线、双母线分段;增设旁路母线或旁路隔离开关、1 倍半断路器接线、变压器母线组接线等。

(2) 无汇流母线:单元接线、桥形接线、角形接线等。

数据中心常用电气高压接线图为单母线分断接线的形式,此种方式的线路图、接线描述。接线特点与应用介绍如表 2-6 所示。

表 2-6　接线特点与应用

形式	接线示意图	接线描述	特点与应用
单母线分段接线	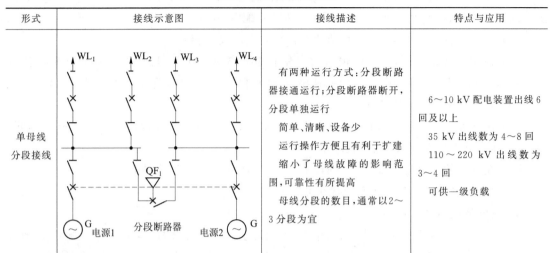	有两种运行方式：分段断路器接通运行；分段断路器断开，分段单独运行 简单、清晰、设备少 运行操作方便且有利于扩建 缩小了母线故障的影响范围，可靠性有所提高 母线分段的数目，通常以2～3分段为宜	6～10 kV 配电装置出线 6 回及以上 35 kV 出线数为 4～8 回 110～220 kV 出线数为 3～4 回 可供一级负载

2. 高压变配电网接线

高压配电网是指从总降压变电所至各功能变电所和高压用电设备端的高压电力电路，起着输送与分配电能的作用。高压配电网配电形式包括放射式、树干式、普通环式以及拉手环式，数据中心一般均为放射式配电方式，如表 2-7 所示。

表 2-7　放射式配电方式

形式	接线示意图	应用	特点
放射式单回路	HSS或HDS HDS　STS STS	一般供二、三级负荷或专用设备，供二级负荷时宜有备用电源	放射式接线的特点是，配电母线上每路馈电出线仅给一个负荷点单独供电 放射式线路故障影响范围小，因而可靠性较高，而且易于控制和实现自动化，适于对中央负荷的供电
放射式双回路	HSS或HDS 10 kV STS　STS	可供二级负荷，若双回路来自两个独立电源，还可供一级负荷	

2.3.3 高压配电一次接线典型方案

考虑到数据中心对电力系统的高要求、高标准性,以 10 kV 市电进线为例,数据中心高压配电系统一般采用两路供电电源、两台或以上变压器的 10 kV 变电所。

两路供电电源、两台或以上变压器的 10 kV 变电所接线典型方案如图 2-2 所示,变电所有两路外供电源供电。

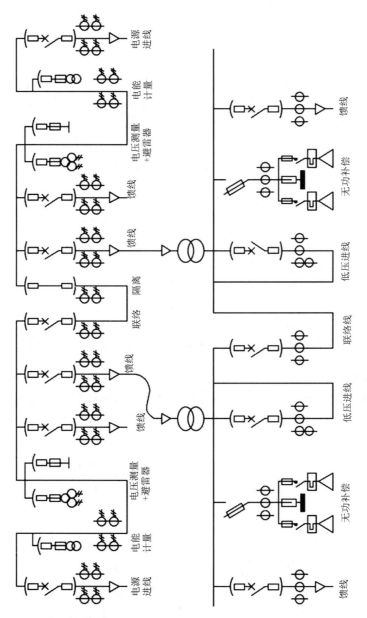

图 2-2 两路供电电源、两台或以上变压器的 10 kV 变电所接线典型方案

(1) 变压器一次侧采用单母线分段接线,二次侧也采用单母线分段接线。

（2）两路电源均设置电能计量柜。

（3）备用电源的投入方式可采取手动投入，也可采用自动投入。

（4）低压进线柜放置在中间，而低压出线柜则放置在两侧，以便于扩建时添加出线柜。

2.3.4 不同规模的数据中心的高压系统构成

不同规模的数据中心由不同的高压配电系统构成，从高压供配电系统的角度出发可以大体上分为超大型数据中心（总负荷在 10 000 kV·A 以上）、大型数据中心（总负荷在 1 000 kV·A～10 000 kV·A）和中型数据中心（总负荷在 200 kV·A～1 000 kV·A）和小型数据中心（总负荷在 200 kV·A 以下）四类。

1. 超大型数据中心

总负荷在 10 000 kV·A 以上，电源进线电压一般为 35～110 kV，经过两次降压。一般设置总降压变电所，先把 35～110 kV 电压降为 6～10 kV，然后将 6～10 kV 电压降为一般低压用电设备所需电压 220/380 V，如图 2-3 所示。

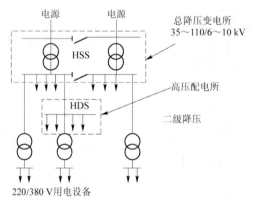

图 2-3 超大型数据中心高压供配电系统

2. 大型数据中心

大型数据中心的总负荷为 1 000 kV·A～10 000 kV·A，电源进线电压一般为 6～10 kV。先由高压配电所集中，再由高压配电线路将电能分配给各功能变压器，低压配电母线可按照不用可靠性选择不同的接线方式，如图 2-4 所示。

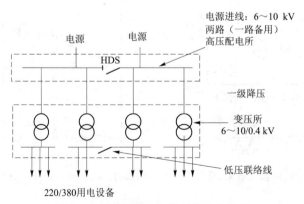

图 2-4 大型数据中心高压供配电系统

3. 中型数据中心

中型数据中心的总负荷为 200 kV·A～1 000 kV·A,降压变电所的数量较少,将 6～10 kV 电压降为电压用电设备所需要的电压,如图 2-5 所示。

4. 小型数据中心

小型数据中心的总负荷低于 200 kV·A,在这种情况下,采用 220/380 V 低压配电就可满足设备的供配电需求,如图 2-6 所示。

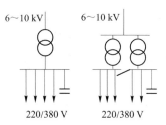

图 2-5 中型数据中心高压供配电系统

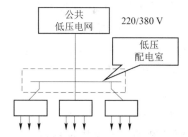

图 2-6 小型数据中心高压供配电系统

2.4 低压供配电系统

2.4.1 低压电气概述

数据中心的低压配电设计特指频率为 50 Hz、交流电压为 1 200 V 及以下的配电方案及产品设计,本资料中介绍的主要由两部分组成:一部分由 UPS 及机房空调、照明、动力系统的输入配电系统组成,统称为数据中心输入低压配电系统;另一部分由 UPS 输出配电系统组成,称之为 UPS 输出低压配电系统,将在下一小节介绍。

低压系统的建设首先涉及的就是低压电器,低压电器通常是指工作在交流为 1 200 V 或直流为 1 500 V 以下的电器,在供电系统和用电设备的电路保护中起保护、控制、调节、转换和通断的作用。

分类如下所述。

(1) 配电保护用电器:用于电力网系统,主要是指低压熔断器、低压隔离电器(刀开关、隔离开关、负荷开关等)、低压断路器(自动开关)等。技术要求是通断电流能力强、限流效果好、保护性能好、抗电动力和热耐受性好。

(2) 控制用电器:用于电力拖动及自动控制系统,主要是接触器、启动器和各种控制继电器、主令电器等。技术要求是有相应的转化能力、操作频率高、电寿命和机械寿命长。

2.4.2 低压熔断器

1. 定义功能及原理

低压配电系统中的熔断器是起安全保护作用的一种电器,熔断器广泛应用于电网保护和用电设备保护,当电网或用电设备发生短路故障或者过载时,可以自动切断电路,避免电器损坏并防止事故蔓延。

熔断器中的主要构成部件是金属熔件,由铅、锡、锑、锌铜等金属制成。熔件制成金属丝状的称为熔丝,俗称保险丝。熔件制成片状的称为熔片。由于熔件的熔点低、电阻大、截面小。当通过熔件的电流超过其额定电流时,与同一回路的导线和电气设备比较,熔件发热量大,断得快,从而能够起到保护电气线路和电器的作用。

为限制熔件在运行中温度不超过 $80\sim100$ ℃的范围,而允许长期通过熔件的电流成为熔件的额定电流。通过熔件的电流超过其额定电流时,熔件温度就会上升,以致熔断。熔件开始熔断时的电流成为熔断电流,熔断电流约等于额定电流的 $1.5\sim2$ 倍。在熔体熔断切断电路的过程中会产生电弧,为了安全有效的熄灭电弧,一般均将熔体安装在熔断器壳体内,采取措施,快速熄灭电弧。

熔断器具有结构简单、使用方便、价格低廉等优点,在低压系统中广泛被应用。

2. 低压断路器的类型及用途

低压断路器的类型、用途和型号如表 2-8 所示。

表 2-8　低压断路器

分类方法	类型		含义、用途或常用型号
分断范围	g 类		在规定条件下,能分断从最小熔化电流到额定分断电流的任何电流,因此也称为全范围保护熔断器。主要用于配电线路短路及过负荷保护
	a 类		在规定条件下,只能分断 N 倍额定电流至之间的任意电流,与 g 类相比,在最小熔断电流至 N 倍额定电流之间不分断。a 类主要是短路保护,如需过载保护应加装过载保护继电器
使用类别	G 类		一般用途,如"G"为一般用途全范围分断能力的熔断体
	M 类		保护电动机,如"gM"为保护电动机电路全范围分断能力的熔断体、"aM"为保护电动机电路的部分范围分断能力的熔断体
结构及原理	插入式		RC1A
	螺旋式		RL6、RL7
	无填料密闭管式		RM10
	有填料密闭管式	刀型触头	RT0、RT16、RT17、RT20、NT
		螺栓连接	RT12、RT15
		圆筒帽形	RT14、RT18、RT19、RT30

3. 断路器主要技术参数

(1)额定电压:指熔断器能长期正常工作时承受的电压,其值一般等于或者大于电气设备的额定电压。

(2)额定电流:熔断器长期工作时各部件温升不超过规定值时所能承受的电流称为熔断器电流,而熔体能长期流过而不被熔断的电流成为熔体的额定电流,其值应大于或者等于电气设备的额定电流。

(3)分段能力:指熔断器在额定电压等规定工作条件下可以分断的预期短路电流值,也就是熔断器可以分断的最大短路电流值。

（4）保护特性：又称安秒特性，指熔体的熔化电流 I 与熔断时间 t 的关系。电流通过熔体时产生的热量与电流成正比。电流越大，则熔体熔断的时间越短。

（5）熔断器熔化系数：通常将熔断器熔体额定电流与最小熔化电流之比 IN/IV 称为熔化系数，一般 IN/IV≥1.5～2，该系数反应熔断器在过载时的保护特性。若要使熔断器能保护小过载电流，则熔化系数应低；为避免电动机启动时的短时电流，熔体熔化系数就应选高。

2.4.3 低压隔离器

1. 定义

对电气设备带电部分进行维修时，隔离器分断能保证将电路中的电流通路切断，并保持有效地隔离距离，一般规定 660 V 及以下的隔离距离应大于 25 mm，对地距离不小于 20 mm，但不起频繁接通和分断电气控制线路的作用。

2. 分类：隔离器、刀开关、负荷开关、刀熔开关

隔离器（开关）一般属于无载通断电器，只能接通或者分断"可忽略的电源"，但有一定的载流能力。

刀开关主要供无载通断电路使用，当满足隔离功能时可用来隔离电源。

隔离开关结构变化后（增加灭弧和耐受能力等），可作为开断小容量过载电流使用，称为负荷开关。

负荷开关和熔断器串联组合成一个单元，简称刀熔开关，具有隔离和故障保护功能。在一定范围内可以代替低压断路器。

低压隔离电器按级数可分为单级和多级刀开关，按切换功能（位置）可分为单投和双投开关，按操纵方式又可粗分为中央手柄式、侧面操作式、带连杆机构式等。

3. 主要技术参数

额定电压：额定电压是指在规定条件下，开关在长期工作中能承受的最高电压。

额定电流：额定电流是指在规定条件下，开关在合闸位置允许长期通过的最大电流值。

通断能力：通断能力指在规定条件下，在额定电压下能可靠接通和分断的最大电流值。

机械寿命：指在需要修理或更换机械零件前所能承受的无载操作次数。

电寿命：指在规定的正常工作条件下，不需要修理或更换零件情况下，带负载操作的次数。

4. 低压隔离电器选用

选用低压隔离电器时，其额定电流应低于被隔离的电路中的各负载电流的总和；用于控制电动机时，其额定电流一般取电动机额定电流的 1.5～2.5 倍。

2.4.4 低压断路器

1. 低压断路器的定义

低压断路器俗称自动空气开关，用来接通和分断负载电路，具有过载和短路保护等功能，是电网中一种重要的保护电气，是数据中心低压配电系统的重要组成部分。

2. 低压断路器工作原理

断路器实现过载及短路保护，主要是靠断路器内部的脱扣器来完成。目前，应用的断路器脱扣器主要有两种：热磁脱扣器和电子脱扣器。

热磁脱扣器包含热脱扣、电磁脱扣两个功能。热脱扣是通过双金属片过电流延时发热变形推动脱扣传动机构，主要完成断路器过载保护；磁脱扣是通过电磁线圈的短路电流瞬时推动衔铁带动脱扣，主要完成断路器的短路保护。

电子脱扣器包含过载及短路保护功能，并可以方便地进行整定。电子脱扣器使用电子元件构成的电路，用来检测、放大电路电流，然后推动脱扣机构动作以实现保护。

热磁脱扣器性能稳定且不受电压波动影响、寿命长、灵敏度低、不易整定，一般用于 200 A 以下的小容量断路器。电子脱扣器的功能完善、灵敏度高、整定方便，但是相对容易受到电源影响，主要用于大容量断路器。

3. 低压断路器的分类

低压断路器按照结构构造的不同可分为三类，分别为①微型断路器，容量以 1～63 A 为主；②塑壳断路器，容量以 80～800 A 为主；③框架断路器，容量以 800～3 200 A 为主，如图 2-7 所示。

(a)微型断路器　　　　(b)塑壳断路器　　　　(c)框架式断路器

图 2-7　低压断路器的分类

4. 低压断路器的主要技术参数

（1）额定电压

额定工作电压：是指以通断能力以及使用类别相关的电压值，对多相电路是指相间的电压值。分段能力与电压大小有关系。

额定绝缘电压：在任何情况下，最大额定工作电压不能超过额定绝缘电压。断路器额定绝缘电压与介电性能试验电压、爬电距离等有关。

额定冲击耐受电压：电器在规定试验条件下能耐受具有规定波形和特性的冲击电压峰值而无故障。额定冲击耐受电压与电气间隙有关。额定冲击耐受电压应等于或者大于该电器所处电路中可能产生的瞬态过电压。

（2）额定电流

①额定不间断电流 IU：是额定持续电流，是电器在不间断工作制中能够承载的电流。

②断路器壳架等级额定电流：是基本几何尺寸相同和结构相似的框架或塑料外壳中能承载的最大额定电流。

③脱扣器电流整定值 IN：是指规定的脱扣器和电流条件下断路器的工作电流。

④约定发热电流 ITH：是大气中不封闭电器用作温升试验的试验电流最大值（无通风和外来辐射的大气条件）。

⑤额定短时耐受电流：是在规定试验条件下短时能承载而不损坏的电流值，短时时间为 0.05 s、0.1 s、0.25 s、0.5 s、1 s。电流不大于 2 500 A 断路器短时，耐受电流最小值为 12 倍额定电流或 5 kA（取较大值）。

（3）额定频率

除非具体产品标注有约定，否则一般频率为 50 Hz 或 60 Hz。

（4）短路分断能力

①额定短路通断能力（小型断路器）：是在规定条件下能够接通，在其分断时间内能够承受和能够分断预期电流值。在一般情况下，断路器额定短路分断能力优先从下列数值中选取：1.5 kA、3 kA、4.5 kA、6 kA、10 kA。

②额定短路接通能力 ICM：是在额定工作电压、额定频率和规定的功率因数（交流）或时间常数（直流）下，电气能够接通的短路电流值。

③额定短路分断能力 ICN：是在额定工作电压、额定频率和规定的功率因数（交流）或时间常数（直流）下，电气能够分断的短路电流值。用规定条件下的预期分断电流值（交流用有效值表示）。

④额定短时耐受电流 ICW：是在规定实验条件下短时能承载而不损坏的电流值，短时时间为 0.05 s、0.1 s、0.25 s、0.5 s、1 s。电流不大于 2 500 A 断路器短时。耐受电流最小值为 12 倍额定电流或 5 kA（取较大者）。该参数主要用于选择性断路器。

2.4.5 低压配电方式

低压配电系统由配电装置和配电线路组成。低压配电方式是指低压干线的配电方式。低压配电方式有放射式、树干式、链式三种形式。低压配电方式如图 2-8 所示。

（1）放射式

放射式是由总配电箱直接供电给分配电箱或负载的配电方式。优点是各负荷独立受电，一旦发生故障，只局限于本身而不影响其他回路，供电可靠性高，

(a)放射式　　(b)树干式　　(c)链式

图 2-8　低压配电方式

控制灵活，易于实现集中控制。缺点是线路多，有色金属消耗大，系统灵活性较差。这种配电方式是用于设备容量大、要求集中控制的设备、要求供电可靠性的重要设备配电回路，有腐蚀介质和爆炸危险等场所不宜将配电及保护起动设备放在现场。

（2）树干式

树干式指在总配电箱与各分配电箱之间采用一条干线连接的配电方式。优点是投资费用低、施工方便，易于扩展。缺点是当干线发生故障时，影响范围大，供电可靠性较差。这种配电方式常用于明敷设回路，设备容量较小，对供电可靠性要求不高的设备。

（3）链式

链式是在一条供电干线上带多个用电设备或分配电箱，与树干式不同的是，其线路的分支点在用电设备上或者分配电箱内，即后面设备的电源引自前面设备的端子。优点是线路上无分支点，适合穿管敷设或电缆线路，节省有色金属。缺点是检修线路或者设备或者线路发生故障时，相连设备全部停电，供电的可靠性差。这种配电方式适用于暗敷设线路、供电可靠性要求不高的小容量设备，一般串联的设备不宜超过 3～4 台，总容量不宜超过 10 kW。

2.4.6 低压配电柜

在数据中心电力系统中,低压配电设备基本上是以交流配电柜的形式出现在数据中心的设备序列中。

(1)交流低压配电柜定义

由一个或多个低压开关设备和相应的控制、测量、信号、保护、调节等电气元件或设备以及所有内部的电气、机械相互连接和结构部件组装成的一种组合体,成为低压成套开关设备和控制设备,也称低压开关柜、低压配电柜(屏)、低压控制屏。

(2)交流低压配电柜使用条件

空气温度:−5~+40 ℃,一昼夜平均温差不超过 35 ℃。

安装海拔不高于 2 000 m,超过时要经过特殊设计,如一些电气元件要降额使用。

周围空气湿度:在最高温度为+40 ℃,相对湿度不超过 50%;在降低温度时,允许有较大的相对湿度(如 20 ℃时相对湿度允许为 90%),但要考虑凝露,内部要设置防凝露装置。

安装:设备安装时与垂直面的倾斜度不超过 5°。

使用环境:无火灾、爆炸危险,没有足以破坏绝缘的腐蚀性气体,没有激烈振动和冲击。

(3)交流低压配电柜分类(按照结构特性和用途)

固定面板式开关柜,常称开关板或配电屏:只有正面有防护作用,防护等级低,只能用于对供电连续性和可靠性要求比较低的工矿企业做变电室集中供电使用。

防护式(封闭式)开关柜:除安装面外,其他所有侧面都被封闭起来的一种低压开关柜;防护式开关柜主要用于工艺现场的配电装置。

动力、照明配电控制箱:多为封闭式垂直安装。因适用的场合不同,外壳防护等级也不相同。主要作为工矿企业生产现场的配电装置。

抽屉式开关柜:这类开关柜采用钢板制成的封闭外壳,进出线回路的电气元件都安装在可抽出的抽屉中,构成能完成某一类供电任务的功能单元。抽屉式开关柜有较高的可靠性、安全性和互换性,是比较先进的开关柜,目前市场生产的开关柜,多数是抽屉式开关柜或者该类开关柜的改进型。它们适用于要求供电可靠性较高的工矿企业、高层建筑,作为集中控制的配电中心。

2.5 UPS 系统

2.5.1 UPS 分类及定义

UPS 是一种利用电池化学能作为后备能量,在市电断电或者发生异常等电网故障时,不间断地为用户设备提供(交流)电能的一种能量转换装置,正式名称为不间断供电系统。

UPS 按照运行方式可以分为双变换运行、互动运行和后备运行三种,即 UPS 行业广为熟悉的双变换式 UPS、互动式 UPS 以及互备式 UPS。

1. 双变换式 UPS

在正常方式运行下,由整流器/逆变器组合连续地向负载供电。当交流输入供电超出
UPS 预定允差值时,UPS 单元转入储能供电运行方式,由蓄电池/逆变器组合在储能供电时间
内,或者交流输入电源恢复到 UPS 设计的允差之前(按两者的较短时间),连续向负载供电。
这种类型通常也称为"在线 UPS",意思是不论交流输入情况如何,负载始终由逆变器供电。
双变换式 UPS 运行原理如图 2-9 所示。

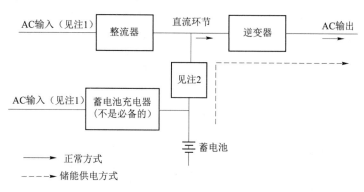

注1:交流输入端子可连接在一起。
注2:二极管模块,晶闸管或开关。

图 2-9　双变换式 UPS 运行原理

2. 互动式 UPS

在正常运行方式下,由合适的电源通过并联的交流输入和 UPS 逆变器向负载供电。逆变
器或者电源接口的操作是为了调节输入电压和/或给蓄电池充电。UPS 的输出功率取决于交
流输入频率,互动式 UPS 的定义如图 2-10 所示。

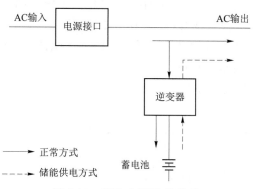

图 2-10　互动式 UPS 的定义

注:在正常运行方式下,由合适的电源通过并联的交流输入和 UPS 逆变器向负载供电。
逆变器或者电源接口的操作是为了调节输出电压和/或给蓄电池充电。输出频率取决于交流
输入频率。

当交流输入的供电电压超出 USP 预定允差时,逆变器和蓄电池将在储能供电运行方式下
保持负载电力的连续性,并由电源切口切断交流输入电源以防止逆变器反向馈电。UPS 单元
在储能供电时间内或者交流输入电源恢复到 UPS 设计的允差之前(按照两者的较短时间),运
行于储能供电方式之下。

3. 后备式 UPS

在正常运行方式下,负载由交流输入电源的主电源经由 UPS 开关供电。可能需结合附加设备(如铁磁谐振变压器或者自动抽头切换变压器)对供电进行调节。这种 UPS 通常称为"离线 UPS",后备式 UPS 的定义如图 2-11 所示。

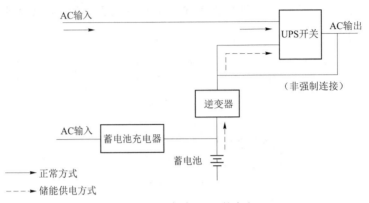

图 2-11　后备式 UPS 的定义

注:这种类型通常称为"离线 UPS",其含义是:电子调节电源只有当交流输入供电超出允差时,才向负载供电。术语"离线 UPS(off-line)"也有"不在主电源(not-on-the-mains)"之意。实际上,在正常运行方式下,负载主要由主电源供电,为了避免术语混,不使用(离线)这一术语,而使用前者(后备运行)术语。

2.5.2　双变换式 UPS 介绍

UPS 是为了解决市电质量不可靠而产生的一种电源系统,可靠性和稳定性是其最为重要的特质,2.5.1 节所介绍的三种类型 UPS,只有双变换式 UPS 最能满足数据中心客户的核心需求。事实上,目前在数据中心应用最为广泛的 UPS 类型就是双变换式大容量 UPS,所以此小节主要围绕双变换式 UPS 展开讨论。

1. 双变换式 UPS 原理图(图 2-12)

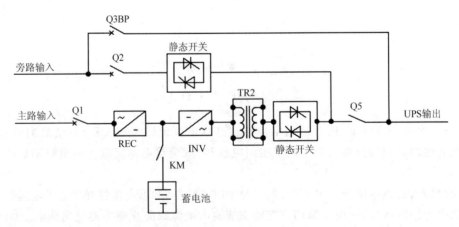

图 2-12　双变换式 UPS 原理图

市电正常供电时,交流输入经 AC/DC 变换 100％转成直流,一方面给蓄电池充电,另一方面给逆变器供电;逆变器自始至终都处于工作状态,将直流电压经 DC/AC 逆变成交流电压给用电设备供电。

2. UPS 系统组成

UPS 系统主要由整流器(REC)、逆变器(INV)、旁路/逆变静态开关、输入输出开关组成。其中空气断路器 Q1 控制主路交流电源输入,整流模块将交流电源变成直流电源,逆变模块进行 DC/AC 变换,将整流模块和蓄电池提供的直流电源变成交流电源,经过隔离变压器输出。蓄电池组在交流停电时通过逆变向负载供电。输入电源也可以通过旁路静态开关从旁路回路向负载供电。另外,要求对负载不间断而对 UPS 内部进行维修时,可使用维修旁路开关 Q3BP。

3. UPS 组成部件功能

整流器:交流市电输入经过整流器转换为直流电,给电池充电,并通过逆变器向负载供电。

逆变器:该逆变器为 DC-AC 单向逆变。当市电存在时,它由整流器取得功率后再送到输出端,并保证向负载提供高质量的电源;当市电断电时,由电池通过该逆变器向负载供电。

静态开关:正常时处在旁路侧断开、逆变侧导通状态;当逆变电路发生故障或者当负载受到冲击或故障过载时,逆变器停止输出,静态开关逆变侧关闭,旁通侧接通,由电网直接向负载供电。

4. 双变换式 UPS 性能特点

(1) 双变换式 UPS 具有优越的电气特性:由于采用了 AC/DC、DC/AC 双变换设计可完全消除来自市电电网的任何电压波动、波形畸变、频率波动及干扰产生的任何影响。

(2) 与其他类型 UPS 相比,由于该类型的 UPS 可以实现对负载的稳频、稳压供电,供电质量有明显优势。

(3) 市电断电时输出电压不受任何影响,没有转换时间。

(4) 器件、电气设计成熟,应用广泛。

(5) 效率与其他类型 UPS 相比不占优势。

(6) 整流器在工作时会引起输入电源质量变差,因此需要采取谐波治理方案。

(7) 价格相对较高。

5. 数据中心 UPS 供电方案

在 UPS 应用中,通常有五种供电方式,包括单机工作供电方案、热备份串联供电方案、直接并机供电方案、模块并联供电方案和双母线(2N)供电方案。在数据中心使用中,最为普遍的供电方案为直接并机和双母线(2N)供电方案,分别介绍如下。

(1) 直接并机供电方案

直接并机供电方案是将多台同型号、同功率的 UPS,通过并机柜、并机模块或者并机板,把输出端并接而成。目的是共同分担负载功率。基本原理:在正常情况下,多台 UPS 均由逆变器输出,平分负载和电流,当一台 UPS 故障时,由剩下的 UPS 承担全部负载。并机冗余的本质,是 UPS 均分负载,实现组网的方式有 $N+1$ 或者 $M+N$。如图 2-13 所示为直接并机供电方案。

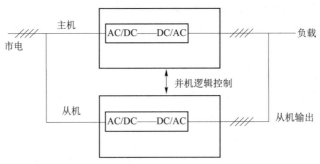

图 2-13 直接并机供电方案

要实现并机冗余,必须解决以下技术问题:

①各 UPS 逆变器输出波形保持同相位、同频率;

②各 UPS 逆变器输出电压一致;

③各 UPS 均分负载;

④UPS 故障时能快速脱机。

方案优点:多台 UPS 均分负载,可靠性大大提高;扩容相对以前方案方便很多;正常运行均分负载,系统寿命和可维护性大大提高。

方案缺点:控制负载,成本增加,在并机输出侧依然具有单点故障。

(2) 双母线(2N)供电方案

早期应用于数据中心的 UPS 供电方案多为单机方案或者 UPS 串/并联方案,均存在输出单点故障瓶颈问题。输出的配电系统,包括开关跳闸、保险烧毁、电路短路等供电回路故障往往在很大程度上影响 UPS 系统供配电的可靠性。为了保证机房 UPS 供电系统的可靠性,2N 或 2(N+1)的系统开始在中、大型数据中心得到了规模的应用,在业界经常被称为双总线或者双母线供电系统。

2N 供电方案由两套独立工作的 UPS、负载母线同步跟踪控制器(LBS)、一个多台静态切换开关系统(STS)、输入、输出配电屏组成。2N 供电方案如图 2-14 所示。

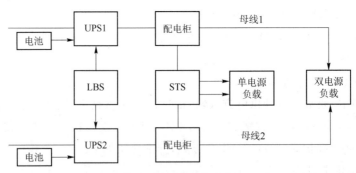

图 2-14 2N 供电方案

该方案的特点如下。

(1)考虑到系统实现的成本,数据中心的负载被分为两类:单电源/三电源负载、双电源负载。正常工作时,两套母线系统共同负荷所有的双电源负载;通过 STS 的设置,各自负荷一半的关键的单电源负荷。因此,在正常工作时,两套母线系统会各自带有 50% 的负载。

（2）将其中的一套单机系统作为双总线系统的一根输出母线，另外一套单机系统作为双总线的另一根输出母线，将两套母线系统通过同步跟踪控制器同步起来。

负载母线同步跟踪控制器（LBS）用于双总线 UPS 系统中，用来保证两套 UPS 输出系统的同步。如图 2-15 所示，先设定任意一套 UPS 并机系统为主机，LBS 同时监测两条母线上的 UPS 的输出频率及相位。一旦发现它们超出同步跟踪范围时，LBS 激活，内部控制对预先定义为主机的 UPS 继续跟踪市电，而另一条母线上的 UPS 将通过 LBS 的控制，对主机进行跟踪，从而实现两套系统同步。

（3）即使是一套系统完全失效或者需要检修，双电源负载因为有一根输出母线仍然有电，所以会继续正常工作；而关键的单电源负载会通过 STS 零切换到另外一根输出母线，也会正常工作。

静态切换开关系统（STS）在为单路电源负载切换时使用，单电源负载接在 STS 输出端上，STS 两个输入端分别接在输入电源 1 和输入电源 2，当其中一个系统供电母线上的任何设备或电缆发生故障或需要维护时，其负载可经转换时间 1/4 周波的静态转换开关切换到另一个系统供电。

（4）区别于以前的供电方案，系统的备份首先带来的是负荷用电的可靠性的显著提升。除此之外，该方案具有优秀的开放性和良好的前瞻性，系统以后的扩容升级和维护也会显得十分方便。因为在任何时候均可将其中的一套系统完全下电进行处理以解决维护或者扩容的问题。

双总线系统真正实现了系统的在线维护、在线扩容、在线升级；提供了更大的配电灵活性，满足了服务器的双电源输入要求；解决了供电回路中的"单点故障"问题；做到了点对点冗余；极大地增加了整个系统的可靠安全性；提高了输出电源供电系统的"容错"能力。

（5）该方案的建设成本相对较高，在实际建设过程中，需要注意可靠性和经济性的适当权衡。

2.5.3 数据中心 UPS 电池系统

1. 数据中心 UPS 电池系统的基本知识

（1）基本定义（图 2-15）

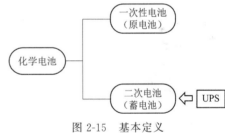

图 2-15　基本定义

（2）常用技术用语

①充电：蓄电池从其他直流电源获得电能称为充电。

②放电：蓄电池对外电路输出电能称为放电。

③浮充放电：蓄电池和其他直流电源并联，对外电路输出电能称为浮充放电，有不间断供电要求的设备，起备用电源作用的蓄电池都该处于放电状态。

④电动势：外电路断开，即没有电流通过电池时在正、负极之间测得的电位差，称为电池的电动势。

⑤端电压：电路闭合后电池正、负极之间测得的电位差，称为电池的电压或端电压。

⑥安时容量：电池的容量单位为安时，即电池容量。

$$Q(A \cdot h) = I_放 \times T_放$$
$$I_放 = 放电电流(A) \quad T_放 = 放电时间(h)$$

⑦电量效率（安时效率）：输出电量与输入电量之间的比称为电池的电量效率，也成为安时效率；

$$电量效率（\%）=（Q_放÷Q_充）\times100\%=（I_放\times T_放）÷（I_充\times T_充）\times100\%$$

⑧自由放电：由于电池的局部作用造成的电池容量的消耗。容量损失与搁置之前的容量之比称为蓄电池的自由放电率。

$$自由放电率（\%）=（Q_1-Q_2）÷Q_1\times100\%$$

Q_1 为搁置前放电容量（A·h）。

Q_2 为搁置后放电容量（A·h）。

⑨使用寿命：蓄电池每充电、放电一次，称为一次充放电循环，蓄电池在保持输出一定容量的情况下所能进行的充、放电循环次数，称为蓄电池的使用寿命。

2. 数据中心 UPS 电池的技术特性

放电特性、充电特性、电池存储特性以及蓄电池寿命。

3. 数据中心 UPS 的电池配置计算方法

UPS的电池配置可以分为查表法、恒电流法和恒功率法。其中恒功率法在数据中心 UPS 电池配置中应用最广泛及准确，供参考学习。

恒功率法——UPS 放电电流计算公式如下：

$$W=（S\times PF\times1\,000）÷（\eta\times N）$$

W：每 2 V 单元之提供的功率（W）。

S：UPS 输出视在功率，UPS 铭牌可查（kVA）。

PF：功率因数，UPS 铭牌可查（保守计算一般取 0.8）。

N：UPS 正常工作时需要的电池组所有 2 V 单体的数量。

η：UPS 逆变功率，见 UPS 产品手册参数表（保守计算一般取 0.9）。

可根据不同厂家、不同容量的 UPS 逆变终止电压计算出蓄电池组终止放电电压，再根据蓄电池组逆变终止电压计算出单节（体）蓄电池的终止电压，并结合 UPS 系统要求后备时间，拟定选择蓄电池厂家恒功率放电表进行查询与选择。

2.5.4 数据中心 UPS 输出列头柜配电系统和机架配电系统

1. 概述

UPS 输出配电系统不仅要完成传统的配电功能，而且还要满足 IT 用户对配电系统可管理性的更高要求。以下分为两个部分讲解。

（1）阐述 UPS 输出列头配电系统，从传统 UPS 输出配电方案的问题出发，介绍新一代列头配电柜应具备的功能和具体应用要点。

（2）阐述机架配电系统，重点介绍各种类型数据中心机柜电源系统的实现方式，PDU 的标准与法规，现状与未来。

2. UPS 输出列头配电系统

（1）概述

UPS 输出列头配电系统如图 2-16 所示。

（2）传统的 UPS 输出配电方案的问题

传统的 UPS 输出配电方案在对后级负载的用电安全管理的处理上有很大的改善空间，基本上缺乏对于运营管理的支持。

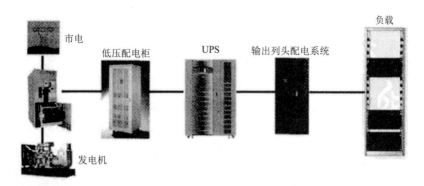

图 2-16　UPS 输出列头配电系统

①对于传统配电方式,每一个场地都需要不同的安装设计,配电系统的可靠性,安全性等依靠工作人员和安装人员。配电系统很难做到不断电扩容或检修。

②不能保持负载的有效分布,容易出现三相不平衡及容量设置不合理。

③不能提供计算机级的接地,计算机系统对机房的接地提出了过高的要求。

④出于机房走线方便的考虑,往往希望最后一级的配电柜放置在 IT 设备机房内,这使传统的 UPS 输出配电方案不注意外形设计的缺点暴露无遗。

⑤对于电源的监控极少,基本上只检测主路的相关电气参数,对于支路的电气参数不做检测,导致对支路配电的状况完全不了解。

⑥机柜电功率的预设定和报警机制,从数据中心机房的建设规划角度讲,所有子系统的设计都是围绕着机柜在运行。从实际应用角度讲,目前对于数据中心 UPS 系统容量的确定及空调系统容量的确定,最科学的方法就是对机柜的电功率进行预设定。

（3）新一代 UPS 输出列头配电柜应该具有的功能

新一代数据中心对供电系统的可靠性,可管理性的要求越来越高。IT 用户需要对信息设备的供电系统进行更可靠、更灵活的配电,更精细化的管理,更准确地控制成本消耗等。

1）安全管理功能

全面的电源管理功能,将配电系统完全纳入机房监控系统,监控内容丰富。对配电母线可以监测三相输入电压、电流、频率、总功、有功功率、功率因数、谐波百分比、负载百分比。同时,还可以监测所有回路(包括每一个输出支路)断路器电流、开关状态、运行负载率等。

2）运营成本管理功能

列头配电产品实时侦测每一服务器机架的运营成本,精确计算及测量每一服务器机柜、每一路开关的用电功率和用电量。通过后台监控系统可以分月度、季度、年度进行报表统计。

3）纳入机房监控系统

列头配电产品应提供 RS-232/485 或简单网络管理协议（SNMP）多种智能接口通信方式,可以纳入机房监控系统中,其所有信息通过一个接口上传,系统更加可靠,节省监控投资。

4）配电的灵活性

随着 IT 用户对配电可管理性的要求越来越高,列头配电产品应用的场合越来越多。列头配电产品应根据不同的场地需求,可选用单母线系统或者双母线系统;其支路断路器可以选择固定式断路器,也可以选择热插拔可调相断路器。

5）计算机级接地

为了解决机房的零地电压问题,列头配电产品还可以内置隔离变压器。降低零地电压有很多措施,这些措施都可以不同程度地降低零地电压。

3. 机架配电系统

（1）概述

数据中心机架配电系统基本上是以 PDU 为主要载体。PDU 是电源分配单元,也称电源分配管理器。顾名思义,PDU 应具备电源的分配或附加管理的功能。电源的分配是指电流及电压和接口的分配,电源插口匹配安装、线缆的整理、空间的管理及电涌防护和极性检测。由于数据中心的几乎所有的 IT 设备都已经或者将要放置在标准机柜内,所以 PDU 作为机柜的必备附件也越来越受到相关各方的重视。PDU 的实物如图 2-17 所示。

图 2-17　PDU 实物

（2）PDU 分类及相关标准

从根本上来讲,PDU 还是插头/插座的一种,我国和国际上关于插座的基本情况如表 2-9 所示。

表 2-9　插座的基本情况

标准	插座	规格
GB 1002—1996《家用和类似用途单相插座形式、基本参数和尺寸》（注:采用原澳大利亚标准制式）		10 A　250 VAC 16 A　250 VAC
GB 1003—1999《家用和类似用途三相插座形式、基本参数和尺寸》		额定电压:440 VAC 额定电流:16 A、25 A、32 A
GB 2099—1997《家用和类似用途插座 第二部分:转换器的特殊要求》		10 A　250 VAC
GB 17465.1—1998《家用和类似用途的器具耦合器 第一部分:通用技术要求》等效采用 IEC 60320-1:1994 标准		IEC320C13（用于输出） 10 A　250 VAC（15 A　125 VAC） IEC320C19（用于输出） 16 A　250 VAC（125 VAC）

（3）PDU 与普通插座的区别（表 2-10）

表 2-10　PDU 与普通插座的区别

对比项目	普通插座的特点	PDU 产品的特点
产品结构	简单、普通、固定式结构	模块化结构,可按客户需求量身定制
技术性能	功能单一	控制、保护、监控、分配等功能强大,输出可任意组合
内部连接	一般多为简单焊接	端子插接、螺纹端子固定、特殊焊接、环行接线等形式
输出方式	直接、平均输出	可以奇/偶位、分组、特定分配等方式输出
负载能力	负载功率较小,一般≤16 A	负载功率大,最大可达 3×32 A 以上
功率分配	功率平均分配	可按照技术需求逐位/组地进行负载功率分配
机械性能	机械强度一般,长度受限	机械强度高,不宜变形,长度可达 2 m 以上
安装方式	普通摆放或挂孔式	安装方式、方法及固定方向灵活、多样

当前,PDU 迅速地朝着智能化、网络化的方向发展,着重实现数据中心用电安全管理和运营管理的功能。通过对各种电器参数的个性化、精确化的计算,不但可以实现对现有用电设备的实时管理,也可以清楚地知道现有机柜电源体系的安全边界在哪里,从而可以实现对机架用电的安全管理。此外,通过侦测每台 IT 设备的实时耗电,就可以得到数据中心的基于每一个细节的电能数据,从而可以实现对于机架乃至数据中心用电的运营管理。

2.6　柴油发电机组系统

2.6.1　柴油发电机组的组成及分类

1. 柴油发电机组的组成

组成:柴油发电机系统主要包括三大部分组成,分别为柴油发动机、三相无刷交流同步发电机以及控制系统,并辅助以电气系统、冷却系统、燃油系统、润滑系统、进排风系统以及排烟系统等。

2. 柴发机组分类

按转速分类:高速机组(3000R/MIN),中速机组(1500R/MIN)和低速级组(100R/MIN以下)。

按调速方式分类:机械调速、电子调速、液压调速和电子喷油管理控制调速系统。

按机组使用连续性分类:长用机组和备用机组。

按励磁方式分类:柴油发电机组通常采用三相交流同步无刷励磁发电机,按发电机的励磁方式可分为自励式和他励式。

按冷却方式分类:风冷和水冷。

按安装方式分类:按照安装方式可分为固定机组和移动机组两类。固定机组包括固定安装在发电机房的柴油发电机组、燃气轮发电机组,适用于中、大型功率需求场所;移动机组包括拖车式机组、车载式机组、便携式机组,适用于中、小型功率需求场所。

控制方式的分类

（1）基本型机组:手动启停是所有柴油发电机都必须具有的基本功能,它的启动和停止运转控制都需要人工操作进行。

（2）自启动机组:该机组是在基本型机组的基础上增加自动控制系统。具有自动化的功能,当市电突然停电时,机组能自动启动,自动切换开关,自动运行,自动送电和自动停机等;当机油压力过低,机体温度或冷却水水温过高时,能自动发出声光报警信号;当机组超速时,能自动紧急停机进行保护。

（3）微机控制自动化机组:该机组由性能完善的柴油机,三相无刷同步发电机,燃油自动补给装置和自动控制屏组成,自动控制屏采用可编程自动控制器 PLC 或油机专用微处理控制器控制。它除了具有自启动、自切换、自运行、自投入和自停机等功能外,并配有各种故障报警和自动保护装置,此外,它通过 RS-232 或 RS-485/422 通信接口与计算机连接,进行集中监控,实现遥控遥信和遥测,做到无人值守。

2.6.2 柴油发动机

1. 柴油发动机原理

柴油发动机俗称引擎、机头或油机,是用柴油作燃料的内燃机。柴油机属于压缩点火式发动机,它又常以主要发明者狄塞尔的名字被称为狄塞尔引擎。原理是在汽缸内,洁净空气与高压雾化柴油充分混合,在活塞上行的挤压下,体积缩小,温度迅速升高,达到柴油的燃点。柴油被点燃,混合气体剧烈燃烧,体积迅速膨胀,推动活塞下行,称为"作功"。各汽缸按一定顺序依次做功,作用在活塞上的推力经过连杆变成了推动曲轴转动的力量,从而带动曲轴旋转。

2. 柴油发动机结构

柴油机总体结构一般由以下几大系统或机构组成:机体、曲轴连杆机构、配气机构、燃油系统、润滑系统、冷却系统、启动系统。

机体组件:包括机体(气缸—曲轴盖)、气缸、气缸盖和底座(油底壳)等。这些零件构成了柴油机骨架,所有运动件和辅助系统都支承在它上面。柴油机的机体组件如图 2-18 所示。

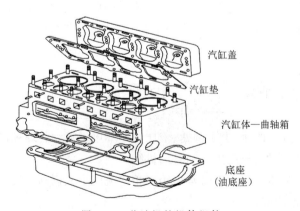

汽缸盖

汽缸垫

汽缸体—曲轴箱

底座
(油底座)

图 2-18　柴油机的机体组件

曲轴连杆机构:汽缸内燃烧气体的压力推动曲轴连杆机构,并将活塞的直线运动变为曲轴的旋转动力。主要部件有:活塞、连杆、曲轴、飞轮等。曲轴连杆机构如图 2-19 所示。

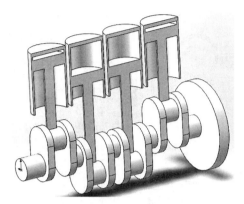

图 2-19　曲轴连杆机构

配气机构:适时向汽缸内提供新鲜空气,并适时的排出气缸中燃料燃烧后的废气。它由进气门、排气门、凸轮轴及其传动零件组成。配气机构如图 2-20 所示。

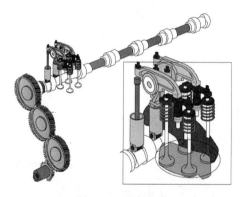

图 2-20　配气机构

燃油系统:燃料供给系统是按照内燃机工作是所要求的时间,供给汽缸适量的燃料。它由燃油箱、燃油滤清器、油泵、喷油器等组成。燃油系统如图 2-21 所示。

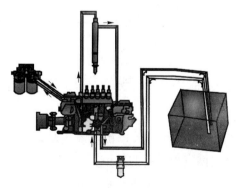

图 2-21　燃油系统

润滑系统:润滑系统是向柴油机各运动机件的摩擦表面,不断提供适量的润滑油。它由机油泵、机油滤清器、机油散热器等组成。润滑系统如图 2-22 所示。

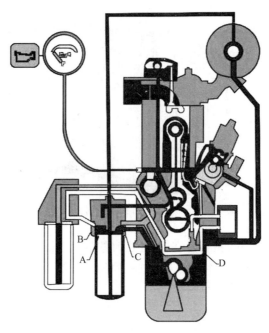

图 2-22　润滑系统

冷却系统:适当冷却在高温下工作的机件,使柴油机保持正常的工作温度。它由水泵、散热器、水套、节温器、风扇等组成。冷却系统如图 2-23 所示。

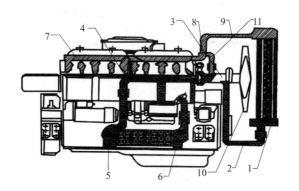

图 2-23　冷却系统

1—扇热水箱　2—大循环进水管　3—水泵　4—进水管　5—水冷机的冷却器
6—机体进水管　7—气缸出水管　8—节能器　9—回水管　10—风扇　11—小循环进水管

启动系统:以外力转动内燃机曲轴,使内燃机由静止状态转入工作状态的装置。由蓄电池、启动电动机等组成。电磁线圈及保持线圈通电,铁心移动带动驱动杆摆动,使启动机的齿轮与飞轮齿圈啮合,铁心继续移动接通直流电动机电路开始运转工作,直至柴油机启动。启动系统如图 2-24 所示。

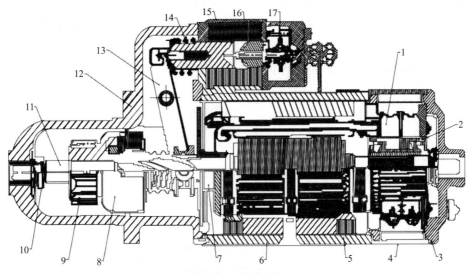

图 2-24　启动系统

1—电刷　2—换向片　3—前端盖　4—换向器罩　5—磁极线圈　6—机壳　7—啮合器滑套止盖

8—摩擦片啮合机构　9—啮合齿轮　10—螺母　11—启动机轴　12—后端盖　13—启动杠杆

14—牵引铁心　15—牵引继电器线圈　16—保持线圈　17—启动开关接触盘

3. 柴油发动机工作流程

进气冲程:活塞从上止点向下止点移动,目的是吸入新鲜空气为燃烧作好准备,此时进气门打开,排气门关闭。活塞到达下止点时进气门关闭,进气冲程结束。

压缩冲程:活塞从下止点向上止点移动,此时上下气门关闭,汽缸内空气受压缩,温度、压力提高,为燃烧提供条件,活塞到达上止点时压缩冲程结束。

膨胀(作功)冲程:在压缩冲程结束前,喷油器将燃油喷入汽缸,与空气混合形成可燃气体并自燃,产生高温、高压推动活塞向下止点运动并带动曲轴旋转而作功,活塞到达下止点时,汽缸内压力下降,直至排气门打开。

排气冲程:作功结束后,汽缸内的气体已成为废气,活塞从下止点向上止点运动,排气门打开,进气门关闭,活塞将废气排出汽缸,到达上止点时,排气冲程结束。四冲程原理示意图如图 2-25所示。

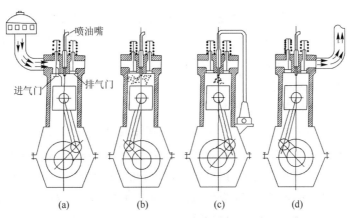

图 2-25　四冲程原理示意图

柴油机通过改变汽缸内柴油和空气的比例来达到调整功率的目的。发动机转速固定时，又跟单位时间内柴油供应量大小、柴油燃烧性能的好坏等因素有关。向汽缸内多喷油，功率增加，当油量多到一定数量后，由于氧气不足，排气开始冒黑烟，如再继续增加油量，冒烟加重，但功率仍可少许增加，达到最大功率后，再多喷油，功率下降。

2.6.3 交流发电机

1. 发电机基本概念

同步发电机俗称电球，由固定的定子和可旋转的转子两大部分组成。将同步交流发电机与柴油机曲轴同轴安装，就可以利用柴油机的旋转带动发电机的转子，利用"电磁感应"原理，发电机就会输出感应电动势，经闭合的负载回路就能产生电流。发电机结构示意图如图 2-26 所示。

图 2-26　发电机结构示意图

2. 交流发电机工作原理(图 2-27)

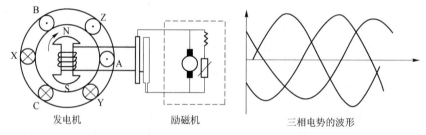

图 2-27　交流发电机工作原理

在定子槽里放着三个结构相同的绕组 AX、BY、CZ(A、B、C 为绕组始端，X、Y、Z 为绕组末端)。三个绕组的空间位置互差 120°电角度。当柴油机拖动电动机转子和励磁机旋转时，励磁机输出的直流电流流入转子绕组，产生旋转磁场，磁场切割三绕组，产生三个频率相同、幅值相等、相应差为 120°的电动势。

3. 交流发电机的控制方法

柴油机驱动发电机转动时，主转子上的剩磁在主定子产生一个小交流电压，此电压被 AVR 整流为直流并加在励磁定子上；励磁定子产生了一个磁场，磁场又使励磁转子感应出交流电压，通过旋转整流器转变为直流，提供给主转子；此时转子产生一个更大的磁场，其交流电压也更高；通过上述过程的不断循环，当发电机的输出电压趋近额定电压时，AVR 开始限制通向励磁定子的电压，从而使发电机输出保持恒定。

2.6.4 柴发机组的控制系统

控制系统用于协调发动机和发电机的工作,显示发动机和发电机状态参数,如:转速、柴油机油压、发电机电压、电流、冷却水箱水温、电瓶电压等。如果有异常可以警告和进行保护。

控制系统任务:控制机组的起/停、供/断电、状态调整等,监控机组状态、显示、报警、保护。

普通控制屏:断路器、电流表、电压表、频率表、水温表、油压表、油温表、转速表、计时器、电流互感器等。

自动化机组控制屏:自动控制器、自动加热器、报警器等。

启动/停机信号:主电源是否正常(失电、缺相、超压),控制机组自动启动或延时停机。

柴油机工况信号:启动情况、转速大小、滑油温度和压力,异常时自动停机并报警。

发电机状态信号:U、I、F,超限时进行保护。

其他信号:BAT 电压、充电电压、燃油液位、机房环境等。

2.6.5 柴发机组的运行与维护

1. 运转前检查

(1) 外观检查:发动机外部是否有损、缺件,螺钉是否松动,发电机输出线或控制线是否损伤松动?

(2) 燃料系统:①燃油量是否足够,配线配管是否漏油或管件松动,排除燃油系统中的空气;②润滑系统:发动机润滑油是否足够。

(3) 冷却系统:冷却散热器的水量是否足够。

(4) 蓄电池:电压是否正确?接头有无松动。

(5) 排气系统:消音器有无破损、排气管安装是否牢固。

(6) 机组四周不可存放易燃物及杂物。

(7) 发电机室的通风是否良好。

2. 运转中的注意事项

(1) AC 电流表:表针指示是否正常,切换电流切换开关,量测各相序间的相电流值,各相序间相差最好不要超过 10%。

(2) AC 电压表:表针指示的电压是否正常。

(3) 油压表指示的油压是否在正常范围。

(4) 水温表指示的水温是否在正常的 70~95 ℃ 范围。

(5) 转速表:引擎的转数是否适当。

(6) 发电机引擎有无异常的声音或振动。

(7) 烟色是否无色或浅灰色。

3. 机油使用注意事项

应根据厂家说明书所规定的要求选择机油的质量等级和黏度等级。

要注意使用中机油颜色、气味变化,有条件的可以定期检查机油各项性能指标。一旦发现颜色、气味以及性能指标有较大变化,应及时更换机油,不应教条地照搬换油期限。

加注机油要注意适量,油量不足会加速机油的变质,而且会因缺油而引起零件的烧损;机油加注过多,不仅会使内燃机油消耗量增大,而且过多的内燃机油易窜入燃烧室内,恶化混合气的燃烧。

要定期检查清洗机油滤清器,清理油底壳中的脏杂物。

要避免不同牌号的内燃机油混用,以免相互起化学反应。

4. 柴油使用注意事项

柴油的使用要符合季节要求,应根据最低气温来选用不同牌号的轻柴油。一般要求柴油的凝点应低于当地季节最低气温 5 ℃。正确选用柴油牌号,可以避免在低温下析出结晶而造成油路堵塞,发动机不能起动。

当柴油中含有水分时,不仅会使金属锈蚀,冬季使用时,还会因结成冰粒堵塞滤清器,影响发动机供油。因此,在使用中必须注意防止混入水分。

不同牌号柴油可掺兑使用,如当月最低气温为 0 ℃,不宜使用 0 号轻柴油,但可将 0 号轻柴油与低凝点轻柴油(－10 号以下)按一定比例掺兑。不能掺入汽油,柴油中若有汽油存在,发火性能会显著变差,导致不易起动,甚至无法起动。

5. 冷却液使用的注意事项

尽量使用防冻液,因为防冻液不仅有防冻的作用,还有防腐蚀、沸点高、防水垢的优点。

有水加热器的机组,在环境温度低于 5 ℃时,应启动加热器,以便于发动机启动。

6. 其他注意事项

无论对自然吸气型还是增压机型的使用应尽量减少低载/空载运行时间,最小负荷应不低于机组额定功率的 25%～30%。

每月进行一次空载试机,时间应在 5 分钟以内为宜。

第3章

数据中心暖通系统

暖通专业的主要作用是为机房运行服务器提供恒温恒湿的运行环境,由于服务器属于高散热设备,想要保证服务器的安全运行,必须及时排走服务器工作产生的热量,并持续为其提供足量冷源。此外还需要协调管理各设备的运行状态,在保证安全稳定运行的前提下达到绿色节能的目的。

保证机房恒温恒湿的状态下,数据中心暖通专业的工作内容主要划分为以下四项:(1)暖通空调专业各设备的安全运行;(2)暖通空调专业各设备的维护保养;(3)暖通空调专业各设备的运行管理与优化;(4)暖通空调专业的绿色节能运行。

3.1 暖通系统设计思路

数据中心的运行模式属于 7×24 小时不间断工作行业,也就要求暖通空调专业工作人员保证机房环境 7×24 小时恒温恒湿的状态,为了满足这种高标准的工作要求,数据中心在设计建造的时候就会综合分析,考虑到一切在暖通空调专业方向的各种紧急情况,并提出相应的应急解决方案,在设计上保证机房 7×24 的运行安全。数据中心行业一直推崇"冗余备份"的一个概念,留有充足的余量以备不时之需。暖通空调专业冗余性设计体现在很多方面,例如数据中心水源设计常见的有双路市政水供给模式、市政水+进水供给模式、市政水+蓄水池供给模式等;在设备配置方面一般采用 $N+1$ 模式、$2N$ 模式、20%冗余模式;在管道铺设方面有环管设计、双路由供给模式等。

总之,不论是何种设计思路、设计模式,唯一的也是最主要的目的就是保证数据中心安全可靠的运行,在设计上尽量规避设计方面的缺陷,避免为日后的运行造成安全隐患。

3.2 暖通系统组成

暖通系统包括冷源系统、新风系统、应急系统、排风排烟系统。

冷源系统主要承担数据中心机房能量输送,包括制冷功能、输送热量与冷量、散热功能等。

主要设备由冷水机组、水泵、冷却塔、板式换热器、蓄冷罐、末端精密空调以及定压补水排气装置、加药装置、微晶旁流、蓄水池等构成,各设备协调配合共同保证机房恒温恒湿的状态,满足服务器的工作需求。

新风系统:新风机组组成的新风系统,主要作用就是保障机房室区域的舒适性,并且满足机房正压的要求(保证机房区域洁净度),特殊条件下也可用于机房除湿工作(不推荐)。

排风排烟系统:日常房间区域排风排气,或者事故排烟排风。

3.3　冷源系统

冷源系统主要由冷却水系统、冷冻水系统、空调系统、补水系统等部分组成,目前,常见的数据中心冷源系统通常具有三种制冷模式,分别如下:

(1)电制冷模式:也称夏季模式、冷机模式,是现阶段数据中心应用最普遍的模式,此模式运行无法利用自然环境进行制冷,完全由冷机作为冷源供机房冷量需求。

(2)混合制冷模式:也称过渡季模式,此模式运行可利用一部分自然环境进行制冷,冷水机组、冷却塔与板式换热器组合使用作为冷源供机房冷量需求。

(3)完全自然冷却模式:也称冬季模式,此模式运行完全利用自然环境进行制冷,冷却塔与板式换热器组合使用作为冷源供机房冷量需求。

3.3.1　冷却塔

冷却塔与冷水机组冷凝器同为冷却系统的组成部件,以水作为循环冷却介质,冷却水从冷凝器侧吸收热量,经由动力源冷却泵输送至冷却塔,完成降温后返回冷凝侧,完成一个冷却水工作循环。

冷却塔组成基本组成部件有冷却塔塔身、布水器、风扇、电动机、填料、泄水阀、补水浮球、阀电加热棒以及液位/温度传感器。

1. 冷却塔工作原理

干燥低熔值的空气经过风机的抽动后,自进风网处进入冷却塔内;饱和蒸汽压力大的高温水分子向压力低的空气流动,湿热高熔值的水自播水系统洒入塔内。当水滴和空气接触时,一方面由于空气与水的直接传热,另一方面由于水蒸气表面和空气之间存在压力差,在压力的作用下产生蒸发现象,蒸发吸热带走热量,从而达到降温之目的。

2. 冷却塔的分类

(1)按通风方式分有自然通风冷却塔、机械通风冷却塔和混合通风冷却塔。

(2)按热水和空气的接触方式分有湿式冷却塔、干式冷却塔和干湿式冷却塔。

(3)按热水和空气的流动方向分有逆流式冷却塔、横流(交流)式冷却塔、混流式冷却塔,是数据中心常见的分类方式,如图3-1,图3-2所示。

(4)按系统结构形式分为开式冷却塔和闭式冷却塔,也是数据中心常见分类方式,如图3-3,图3-4所示。

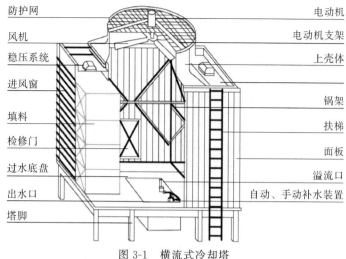

图 3-1 横流式冷却塔

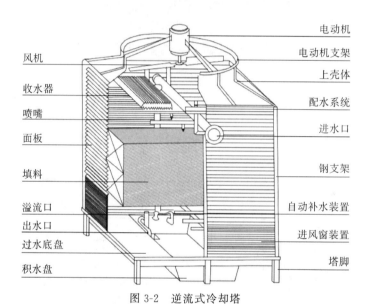

图 3-2 逆流式冷却塔

1) 开式冷却塔与闭式冷却塔的区别

开式冷却塔的冷却原理就是,通过将循环水以喷雾方式,喷淋到玻璃纤维的填料上,通过水与空气的接触,达到换热;再有风机带动塔内气流循环,将与水换热后的热气流带出,从而达到冷却。此种冷却方式,前期的投入比较的少,但是运营成本较高(水耗、电耗)。

闭式冷却塔的冷却原理简单来说是两个循环:一个内循环、一个外循环。没有填料,主核心部分为紫铜管表冷器。

①内循环:与对象设备对接,构成一个封闭式的循环系统(循环介质为软水)。为对象设备进行冷却,将对象设备中的热量带出到冷却机组。

②外循环:在冷却塔中,为冷却塔本身进行降温。不与内循环水相接触,只是通过冷却塔内的紫铜管表冷器进行换热散热。在此种冷却方式下,通过自动控制,根据水温设置电动机的运行。两个循环,在春夏两季环境温度高的情况下,需要两个循环同时运行。秋冬两季环境温度不高,大部分情况下只需一个内循环。

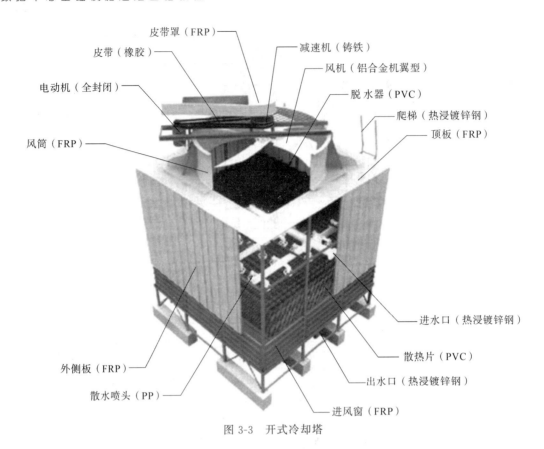

图 3-3 开式冷却塔

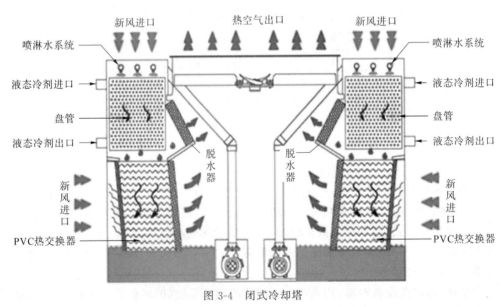

图 3-4 闭式冷却塔

2）开式冷却塔与闭式冷却塔的性能比较

①开式冷却塔：被冷却介质在开式系统中循环，循环介质因蒸发而浓缩，须常年加药、补水，而且由于被冷却介质直接接触空气，容易被污染，当遇到硫化物时，流体发生酸性反应，造成相连设备损坏。须经常停机保养维护，不适合需要连续运转的系统。被冷却介质开式运行，受太阳光

照射,容易产生藻类和盐类结晶,从而影响系统的使用性能。无法进行干式运行。当流体为挥发性、毒性、刺激性溶液时,使用开放式冷却塔运行模式存在安全隐患。被冷却介质在开式中循环,系统管道以及被冷却设备换热器易结垢,降低被冷却设备的换热效率,增加系统的运行费用。

②闭式冷却塔:被冷却介质在密闭的管道内流动不与外界空气相接触,热量通过换热器管壁与外部的空气、喷淋水等进行热质换热,最终实现冷却介质降温的设备。所以被冷却介质不会被污染、蒸发、浓缩,无须补水加药,因而保障了相连设备的使用性能和寿命,日常管理也很方便。无须经常停机保养维护,运行稳定安全、可减低相连设备的故障率,适合需要连续运转的系统。被冷却介质因无阳光照射且不与空气接触,所以不会产生藻类和盐类结晶,"无须除藻、除盐",从而保障系统高性能运行。可以进行干式运行,不会滋生各类病菌,所以特别适用于有空气净化需求的场合,也经常应用于缺水干燥的地区。当流体为挥发性或毒性、刺激性溶液时,使用密闭式循环系统,不会污染环境,所以广泛适用于对流体有严格要求的系统。被冷却介质在密闭的管道内流动,被冷却介质一般为软化水,系统管道以及被冷却设备换热器内不会结垢,被冷却设备运行效率高,整个系统运行节能。

开式冷却塔与闭式冷却塔的对比如表 3-1 所示。

表 3-1 开式冷却塔与闭式冷却塔的对比

序号	对比项	开式冷却塔	闭式冷却塔
1	前期投资	投资费用相对低	投资费用较高,一般是开式冷却塔的 4 倍左右
2	占地面积	由于是直接热交换效率高,其塔体尺寸较小,因此占地面积小	由于间接热交换,效率相对低些,其塔体尺寸也会较大,一般来说闭式塔至少是开式塔的 1.5 倍左右
3	建筑荷载	塔体小、重量轻	塔体大,重量重,建筑结构需进行加固,导致建筑造价升高
4	冷却水系统水泵运行成本	塔体扬程低,前期水泵采购成本较低,后期运行成本相对较低	因塔内部有热交换的盘管,其所需塔体的扬程约为开式塔的 2 倍,水泵运行成本相对较高
5	耗水量	相对较高	相对较低
6	运行噪声	所需风量小、噪声相应较小	所需风量大、噪声相应较大
7	维护	维护难度较低,维护周期较短,日常维护工作量较大	塔内盘管维护非常复杂(如结垢等),但维护周期相对较长,日常维护工作量较小
8	对主机的影响	由于主系统冷却水是直接接触空气,水质较脏,对主机寿命有不利影响,且有可能会增加系统能耗	由于主系统冷却水不直接接触空气,水质干净,对延长主机冷凝器寿命有利

(5)按噪声级别分为普通型冷却塔、低噪型冷却塔、超低噪型冷却塔、超静音型冷却塔。

(6)其他类型还有喷流式冷却塔、无风机冷却塔、双曲线冷却塔等。

3.冷却塔防冻防柳絮

冷却塔一般设置于建筑物屋顶等室外空间,受环境影响比较大,在气温低的时候要考虑到冷却塔防冻工作,局部地区的数据中心在春季也会增加防柳絮的工作。

(1)冷却塔防柳絮

由于冷却塔风机工作,导致冷却塔周围形成固定的气流组织,飘荡在此区域的柳絮会随着气流组织进出冷却塔,附着于填料、风机或者进入冷却水系统,影响冷却系统设备的正常运行,并且增加运行风险与设备维护成本。防止柳絮需购买防絮棉,紧密贴与冷却塔进风口,并定期清理堆积柳絮,以防影响散热效率。(防絮棉不仅适用于冷却塔,空调室外机也可以采用)

(2)冷却塔防冻措施

①冷却塔积水盘设置电加热棒,一般的控制模式为积水盘冷却水温度低至4 ℃,电加热棒开始工作,当积水盘冷却水温度升至8 ℃,电加热棒停止工作;

②管道电伴热,所有室外水管道都铺设缠绕电伴热,防止管道结冰冻裂;

③冷却塔风机反转除冰,部分冷却塔会设计此项功能。

4. 附图(图 3-5、图 3-6)

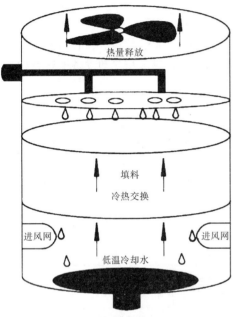

图 3-5　逆流式冷却塔结构原理简图

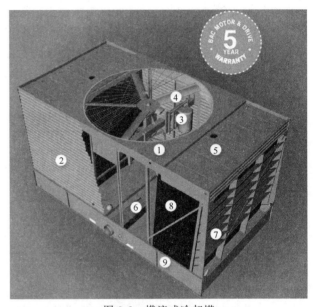

图 3-6　横流式冷却塔

1—框架结构　2—面板　3—风机驱动系统　4—风扇
5—水分配系统　6—出水过滤网　7—进风百叶
8—填料　9—积水盘

3.3.2　离心式冷水机

考虑到数据中心的实际情况以及负荷容量,数据中心制冷大多采用水冷离心式冷水机组作为冷源制冷,满足机房的制冷需求。但是综合考虑之后,冷机供冷方式或者说冷冻水供水方式会有不同,分别为低温供水(10 ℃)和中温供水(15 ℃)。

1. 离心式冷水机制冷原理

利用冷媒的相变潜热的吸收与释放,完成冷冻水以及冷却水之间的热交换,进而达到冷冻水制冷、冷却水散热的功能作用。冷机的主要组成结构可以简单分析有四个部分,分别为蒸发器、压缩机、冷凝器以及节流装置,制冷原理简单介绍如下。

蒸发器是一个热交换器,机房冷冻高温回水在经过蒸发器的时候将热量转移到冷机冷媒介质,从而制得低温冷冻水输送到机房末端供冷。冷媒介质会吸收此部分热量,完成一个相变的过程,使得冷媒介质由低压低温液态转变为低压低温气态,相变潜热原理完成冷冻水的制冷工作。

压缩机组件由发动机和离心式压缩机组成,通过将动能转化成压力来提高制冷剂的压力和温度,使得冷媒介质由低压低温的气态转变为高压高温的气态。

冷凝器同蒸发器一样,也是一个热交换器,冷媒介质在这里将自身携带的热量传递给冷却系统的下塔低温水,冷媒介质状态由高压高温气态转化为高压高温液态,利用相变潜热的原理完成热量的转化,使得冷却水温度升高,并且由冷却塔排放到大气层。

膨胀装置(节流装置)其实就是一个降压装置,使得冷媒介质状态由高压高温液态转化为低压低温液态。

2. 流量 Q 与制冷能效比 COP

冷水机组制冷量: $Q=CM\Delta T$

式中, C——冷冻系统介质水的比热容,取值 4.138 kJ/(kg·℃);

M——单位时间内流经冷机的冷冻水的质量,需要用到流量值,参考管道水流量计;

ΔT——冷水机组蒸发器进水温度与出水温度的差值;

COP(Coefficient of Performance),即能量与冷量之间的转化比率,简称制冷能效比,数据中心制冷计算式为

冷水机组 COP: $COP=\dfrac{Q(制冷量)}{P(功率)}$

式中, P——冷水机组耗电功率,由冷水机组配电柜智能仪表读取。

3. 运维经验分享

冷水机组冷凝器由于环境的影响容易发生结垢现象,影响冷水机组高效节能运行,所以需要判断结垢情况以便及时处理。

当冷水机组冷凝器(冷却水)侧结垢严重时,最容易判断的是冷凝器外壁温度明显比正常机组高,用手就能感觉到。同时,通过冷机的冷凝压力可以发现,冷凝器结垢的冷凝压力明显比正常冷机高。

此处提到两个参考值,冷凝器外壁温度和冷凝压力,通过结垢机组与正常机组的参数对照,从而确定冷凝器结垢程度。这就需要运维工作中的观察留意,能够对正常机组的运行状态有清晰的了解,这样才能通过对比对发现问题。这里建议在新项目运行或者进行清理过后,对一些重要参数数据记录,以便日后运维工作中分析对照。

4. 附图(图 3-7、图 3-8)

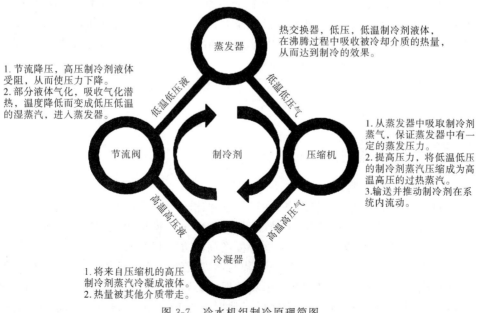

图 3-7 冷水机组制冷原理简图

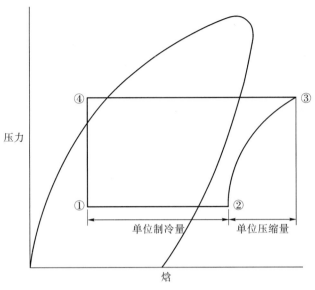

图 3-8　制冷循环压焓图

图 3-8 显示了与图 3-7 一样的制冷循环的压焓(P-H)图。每个组成部分的过程都表示在图上。蒸发过程从点 1 到点 2,当制冷剂从液体变成气体时,压力(和温度)保持不变,热量被吸收后发生相变(潜能)。制冷效果是从点 1 到点 2 的焓值变化,简单表示为循环制冷剂的单位制冷量 BTU/1b。

从点 2 到点 3 的曲线表示压缩过程。做功等于从点 2 到点 3 的焓值变化与制冷剂流量的乘积。简单表示为 BTU/1b 乘以 1b/min 等于压缩机做功。压缩机将压缩功最终转化成制冷剂的热量。开启式电动机将电动机绕组的热量排放到机房,由于冷水机组电动机的效率通常高于 95%,小于电动机额定功率 5% 的功率最终转化为热量排到机房中。曲线的垂直部分表示制冷剂压力(和温度)从点 2 升高到点 3。

下一个过程发生在冷凝器。第一部分(在制冷剂圆弧曲线外面)是将过热蒸汽降温的过程。一旦制冷剂成为饱和气体,就出现冷凝过程将制冷剂从气体变为液体,同压焓图上很容易看出过冷是如何增加总的冷却效果的,过冷延长了制冷剂单位质量的制冷效果(较大的 ΔH),这样在没有增加耗功的情况下增加了冷却量。

最后的过程是在膨胀装置,图 3-8 中从点④到点①的垂直直线表示在制冷剂通过热力膨胀阀时压力(和温度)降低。

3.3.3　板式换热器

1. 板式换热器功能与利用

板式换热器是一个单纯的换热设备,在气候条件比较严寒的时候,水系统达到过渡季模式(混合制冷)或者冬季模式(自然冷却)的情况下,冷却塔＋板换组合充当部分冷源或冷源的角色,保证数据中心的绿色节能运行。以上这种板换利用方式是多数据中心节能运行的一种方式,除此之外,还有一些数据中心由于该地独特的地理位置与环境优势,还会衍生出其他的运行方式。例如湖南郴州东江湖数据中心(云巢数据中心),地址靠近东江湖,充分利用湖水的自然冷量,在此基础与板换结合使用,大大降低了数据中心 PUE 值,达到绿色节能的目标。

2. 板式换热器的结构形式

板式换热器是由一系列具有一定波纹形状的金属片叠装而成的一种新型高效换热器,主要由框架和板片两大部分组成。

板片:由各种材料的制成的薄板用各种不同形式的磨具压成形状各异的波纹,并在板片的四个角上开有角孔,用于介质的流道。板片的周边及角孔处用橡胶垫片加以密封。

框架:由固定压紧板、活动压紧板、上下导杆和夹紧螺栓等构成。

各种板片之间形成薄矩形通道,通过板片进行热量交换。板式换热器是液—液、液—汽进行热交换的理想设备。它具有换热效率高、热损失小、结构紧凑轻巧、占地面积小、安装清洗方便、应用广泛、使用寿命长等特点。在相同压力损失情况下,其传热系数比管式换热器高3～5倍,占地面积为管式换热器的三分之一,热回收率可高达90%以上。

3. 附图(图3-9)

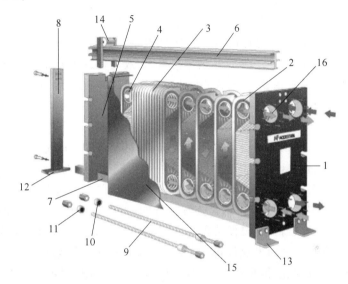

固定压紧板	1	Fixed pressure plate	夹紧螺栓	9	Clamp bolt
前端板	2	Fore stand plate	镇紧垫圈	10	Lock washer
换热板片	3	Heatexchange plate	紧固螺母	11	Fastening nut
后端板	4	End plate	支撑地脚	12	Support foot
活动压紧板	5	Flexible pressure plate	框架地脚	13	Frame foot
上导杆	6	Top guide bar	滚轮组合件	14	Roller assembly
下导杆	7	Bottom guide bar	保护板	15	Protection board
后立柱	8	Back post	接口	16	Connection

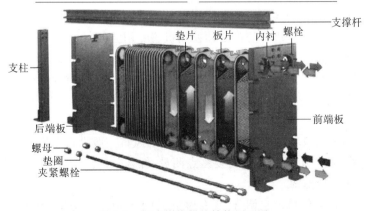

图 3-9 板式换热器的结构原理图

3.3.4 精密空调

精密空调是数据中心暖通系统的末端设备,精密空调的不间断运行及时带走服务器产生的热量,维持机房恒温恒湿的状态。

精密空调系统的设计是为了进行精确的温度和湿度控制,精密空调系统具有高可靠性,保证系统终年连续运行,并且具有可维修性、组装灵活性和冗余性,可以保证数据机房四季空调正常运行。

1. 精密空调的特点

数据中心机房对温度、湿度及洁净度等均有较严格的要求,因此,数据中心机房专用空调在设计上与传统的舒适性空调有着很大区别,表现在以下 4 个方面。

(1) 舒适性空调风量小、风速低,只能在送风方向局部气流循环,不能在机房形成整体的气流循环,机房冷却不均匀,使得机房内存在区域温差,送风方向区域温度低,其他区域温度高,发热设备因摆放位置不同而产生局部热量积累,导致设备过热损坏。而机房专用空调送风量大,机房换气次数高(通常在 30~60 次/小时),整个机房内能形成整体的气流循环,使机房内的所有设备均能平均得到冷却。

(2) 传统的舒适性空调,由于送风量小,换气次数少,机房内空气不保证有足够高的流速将尘埃带回到过滤器上,而在机房设备内部产生沉积,对设备本身产生不良影响。且一般舒适性空调机组的过滤性能较差,不能满足计算机的净化要求。采用机房专用空调送风量大,空气循环好,同时因具有专用的空气过滤器,能及时高效的滤掉空气中的尘埃,保持机房的洁净度。

(3) 因大多数机房内的电子设备均是连续运行的,工作时间长,因此要求机房专用空调在设计上可大负荷常年连续运转,并要保持极高的可靠性。舒适性空调较难满足要求,尤其是在冬季,数据机房因其密封性好而发热设备又多,仍需空调机组正常制冷工作,此时,一般舒适性空调由于室外冷凝压力过低已很难正常工作,而机房专用空调控制系统功能相比舒适性空调更为完善,仍能正常保证制冷循环工作。

(4) 机房专用空调一般还配备了专用加湿系统,高效率的除湿系统及电加热补偿系统,通过微处理器,根据各传感器返馈回来的数据能够精确的控制机房内的温度和湿度,而舒适性空调一般不配备加湿系统,只能控制温度且精度较低,湿度则较难控制,不能满足机房设备的需要。

综上所述,机房专用空调与舒适型空调在产品设计方面存在显著差别,两者为不同的目的而设计,无法互换使用。计算机机房内必须使用机房专用空调。

2. 精密空调的优势

精确控制温湿度、风量大、7×24 制冷、高可靠性、节能、强大的控制及监控管理功能。

精密空调风量计算:

$$Q = F \times S$$

式中:S 为精密空调出风或者进风面积,单位为 m²,出风口一般为长方形;

F 为出风风速,单位为 m/s,一般需要多点测量,综合分析。

3. 精密空调的常见形式

目前,数据中心常见的精密空调(机房专用空调)主要有水冷空调、风冷空调及双冷源空调三种形式。

（1）水冷空调,是通过循环的冷冻水为介质的空调系统。其末端主要由风机、冷冻水盘管、电动阀门组成,结构相对简单,故障率相对较低。目前,应用较为广泛的主要有封闭冷通道、地板下送风的房间级水冷空调和封闭冷、热通道的行级水冷空调两种形式。

优点:制冷循环均在机房空调内,密封测试,高可靠性;末端空调部件少,故障率低。

缺点:配套设备冷机、冷却塔、泵、管道系统初始投资高,维护工作量大;需要定期对水有清洁和处理的要求,维护成本高。

（2）风冷空调主要由蒸发器、压缩机、冷凝器、膨胀阀四大部件组成。其特点是压缩机制冷,带制冷剂,风冷室外机安装在室外或楼顶,室外机一般不高于室内机 20 m、不低于室内机 5 m,室内外管路长度一般小于 60 m。传统的风冷空调由于 COP（制冷能效比）和故障率相比水冷空调要高一些,故较少应用于 IT 设备机房中,但在电力机房中因考虑安全隐患（水患）,设计人员通常会优先考虑配置风冷空调。

优点:系统简单、总体成本低、维护方便。

缺点:冷媒管路需现场安装铺设且对安装距离有一定限制,多台室内空调机组不可共用一台冷凝器。

（3）双冷源空调,通常是指水冷空调和风冷空调的结合,一路风冷、压缩机制冷,一路冷冻水提供冷源,两路冷源互为备份、冗余,提高了机房空调系统运行的安全性。

优点:两套完全独立的制冷系统,提供更高的可靠性。

缺点:机房空调零部件较多,成本高;两套散热系统,安装、维护及占地较其他制冷方式均没有优势。

4. 送回风方式

下送上回方式是大中型数据中心机房常用的方式,空调机组送出的低温空气迅速冷却设备（或者送入冷通道）,通过服务器自身散热风机运作,低温空气变为高温空气,带走服务器工作产生的热量,进入到热通道,此时由精密空调风机作为动力源循环气流,热空气运输到精密空调再次制冷,保证气流组织的循环。

除此之外,空调的送风方式还有侧送侧回、上送侧回、上送下回等等,详细介绍见后续章节。

5. 运维经验分享

（1）精密空调除湿功能

数据中心保持恒湿状态,就需要控制适度的范围。当湿度过低时启用加湿装置,有些机房精密空调自带加湿功能,有些机房设置机房专用湿膜加湿器（此部分内容后续详细讲解）。当机房湿度过高时,就需要进行机房除湿的工作,但是目前机房除湿很少设置专业设备,自带除湿功能的精密空调在除湿的工况下亦需考虑整个水系统的运行状况,这就需要在已有的条件下尽量去降低湿度。一般来说除湿有两种方法,一种是利用空调自带除湿功能除湿,除湿功能启动,精密空调控制水阀全开（开位 100%）,风机转速降低,使低速高湿的空气通过空调的低温翅片盘管,形成冷凝水排走,从而达到除湿的目的。但是这种除湿方法要求空调冷冻水供水温度要低,负责温度越高除湿效果越差。而且精密空调除湿管理也要综合考虑,防止精密空调大规模除湿,风机转速降低,无法满足机房冷量需求。

（2）精密空调排气

精密空调内部铜管翅片有气阻,会导致精密空调制冷能力下降,导致该空调出风温度升高,此时需要进行排气工作。

（3）精密空调运行管理

数据中心正式投入使用后，需要进行相应的设备运行管理工作，精密空调方面需要根据机房热负荷增减相应数量。一般来说，要以加电工单为准，统计加电机柜数，根据每个机柜设计最大热负荷计算机房总负荷，比对已开启空调相对制冷量进行管理。另外，精密空调开启的位置也需要根据实际情况综合考虑。

6. 附图（图 3-10、图 3-11、图 3-12）

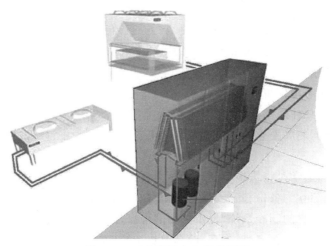

图 3-10　双冷源精密空调简易图

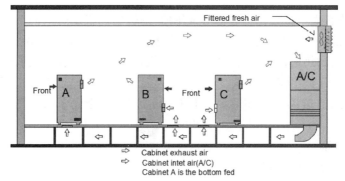

图 3-11　精密空调下送上回方式示意图

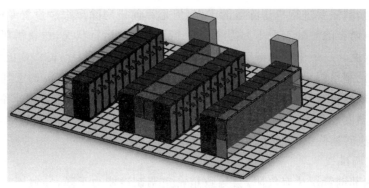

图 3-12　送回风中的冷热通道

3.3.5 气流组织

1. 热通道/冷通道冷却原理(图 3-13)

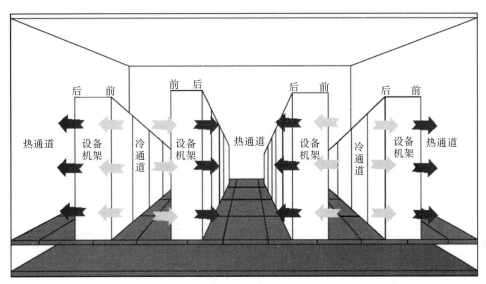

图 3-13　热通道/冷通道冷却原理

在冷通道侧,电子设备的进风口(前端)面向冷通道。冷风从电子设备进风侧被吸入,再从设备后端排至热通道,需要注意的是即使热通道/冷通道配置方式适用于大多数情况,但在某些情况下,尤其是对并非按此运行环境设计的特殊设备,采用此方案也许没有优点。此外采用地板送风系统时,电缆穿孔处或者孔洞也可能导致冷风渗漏到热通道内。

2. 地板送风系统

典型的冷风源通常是位于数据通信机房内的 CRAC 机组(图 3-14),这是目前最普遍采用的数据中心冷却方法。图 3-15、图 3-16 表示了变异的地板送风方式,在此送风方式中,冷风由位于机房外的空调器提供。

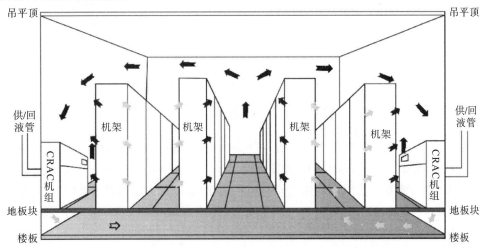

图 3-14　当今数据中心内最常见用 CRAC 机组实现架空地板供冷

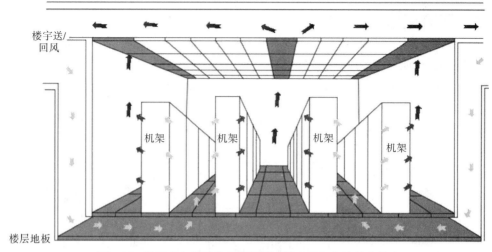

图 3-15　利用来自楼宇集中机房的冷风实现架空地板式供冷

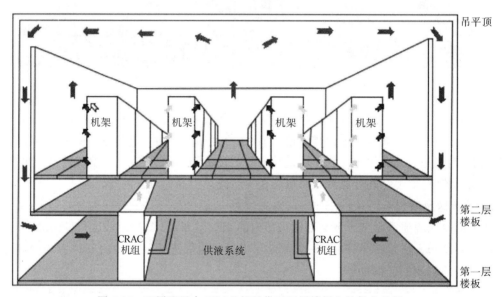

图 3-16　双层配置中 CRAC 机组位于下层楼板上的架空地板

3. 头部上方空气分布系统

在头部上方空气分布系统中,冷风由风管进行分布,并通过散流器被引入室内,空气从上方垂直向下径直送至冷通道(图 3-17)。冷源是一个可位于数据通信机房内或机房外的供冷设备。

图 3-17 说明了头部上方空气分布的一种方法,这是数据通信集中机房环境内常见的技术。在此例中,头部上方冷风通过风管送到冷通道中,其冷风来自位于架空地板区域外的集中供冷站;另一种方案是用就地的上送风 CRAC 机组送风。虽然图中的方案并不需要设置冷却架空地板供冷,但架空地板也可用于电力与/或数据光纤分布,避免平顶内因风管而拥挤。

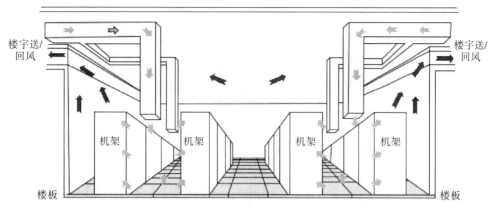

图 3-17　集中机房方案常用的头部上方供冷分布

4. 送风与回风气流控制

设备热负荷的增加,支配着对底板送风和头部上方空气分布系统的全面设计、回风气流的影响。在设计行业中,为了能单独管理气流和有关空间的相互关系,已做出了极大努力来开发新技术。某些技术旨在实质性地将数据通信设备机房内热空气和冷空气分开,以减少两者的混合。

如图 3-18 所示,与架空地板所对应的落低的吊平顶作为排热空气的静压箱,作为空气回到 CRAC 机组的通道。

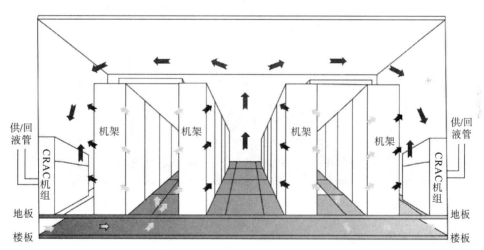

图 3-18　采用挡板限制热通道/冷通道空气混合实现架空地板供冷

如图 3-18 所示在冷通道上方设置挡板,此方法意在确保冷空气被强制通过数据通信机房的进风口,同时也防止机架内最高设备处的热排风被吸到冷通道,造成气流短路。

在这两种技术中,采用落低吊平顶方案较为普遍。但对这类技术的担心是:数据通信设施内的风量需求增加了,有些服务器可能会处于"饥饿"或"梗塞"状态。对配置挡板方法另有的担心是:从实际观点看,由于消防和安防规范的关系,要实现有关变化很困难。

如图 3-19 和图 3-20 所示架空地板环境的变化,在服务器的进风口与/或出风口,也许真正有了空气分布用静压箱或风管的方案。事实上市场中现已有这样的产品,它通过封围与延伸机架深度进行了类似的配置,并内置风机,以帮助空气流经封围的机架。

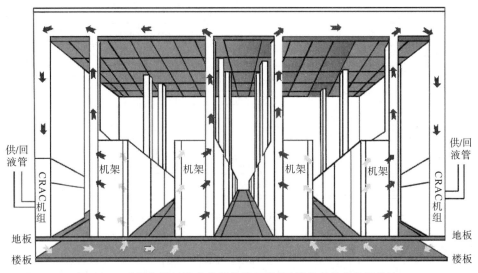

图 3-19　采用与机架结合的送风静压箱/风箱实现架空地板供冷

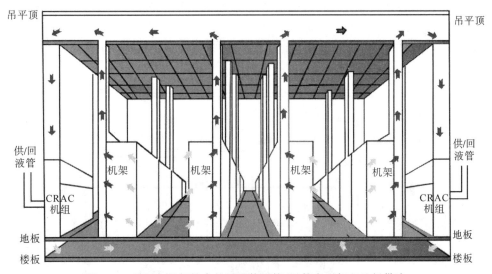

图 3-20　采用与机架结合的回风静压箱/风箱实现架空地板供冷

5. 就地分布系统

就地分布系统是将冷风尽可能近地引到冷通道内。冷风源是就地冷却设备,它安装在电子设备机架上、机架上方或机架临近处。一般来说,就地分布系统并非想成为一个独立的设备冷却系统,而只是作为高负荷密度机架的辅助供冷装置。由于就地供冷设置的接近性,避免了气流分布差和气流混合(送风/冷气流与回风热气流混合)等问题。

如图 3-21 所示蒸发器或冷的换热器设置在吊平顶上的原理,如图 3-22 所示蒸发器或冷的换热器设置在机架上方的原理,但它们也可能在机架的侧面。图 3-23 和图 3-24 分别表示蒸发器或换热器位于排风侧和进风侧。较好的技术是将换热器置于排风侧,以防出现冷凝水。

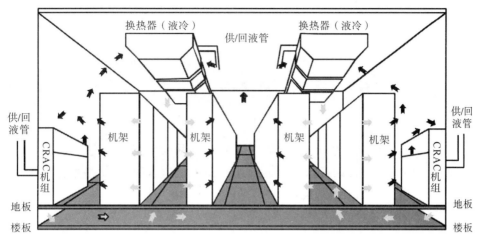

图 3-21 安装在吊平顶上的头部上方冷却装置进行就地供冷分布

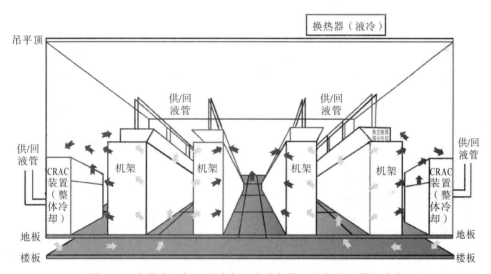

图 3-22 安装在机架上的头部上方冷却装置进行就地供冷分布

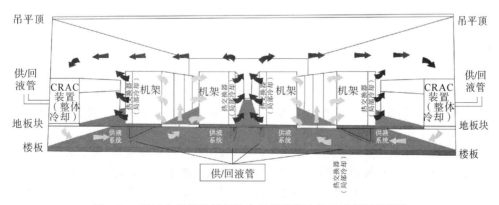

图 3-23 通过在机架排风侧结合机架的供冷装置进行局部供冷

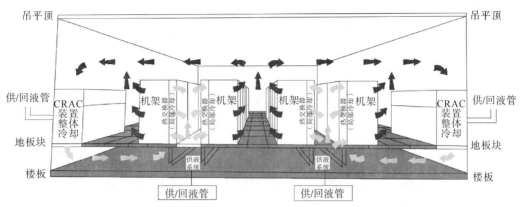

图 3-24　通过在机架进风侧结合机架的供冷装置进行就地供冷

3.3.6　蓄冷罐

蓄冷技术是目前数据中心等建筑空调系统中较流行的节能技术和应急功能。根据蓄冷原理的不同,蓄冷技术可以分为水蓄冷和冰蓄冷。蓄冷罐按照蓄冷方式可以分为显热蓄冷罐、相变潜热蓄冷罐;如在蓄冷空调中的水蓄冷空调是显热蓄冷,冰蓄冷空调和优态盐混合物是相变潜热蓄冷。

冰蓄冷是指用水作为蓄冷介质,利用其相变潜热来储存冷量。冰蓄冷系统技术类型主要有冰盘管式、完全冻结式、冰球式、滑落式、优态盐式以及冰晶式。由于数据中心很少采用冰蓄冷方试,所以此处只做简单描述,以下内容将围绕水蓄冷展开,根据水蓄冷系统结构特点,水蓄冷系统又分为开式蓄冷和闭式蓄冷两种。

1. 蓄冷罐的节能经济效果

数据中心设备负荷的加载是一个渐进的过程,因此在数据中心的运行初期,蓄冷系统完全可以考虑用于节能运行,其运行模式为:夜间蓄冷——日间放冷,电价平值谷值蓄冷——电价峰值放冷。在有合理分时峰、谷电差价的地区,夜间利用低谷电蓄冷罐进行蓄冷,白天利用蓄冷罐夜间存储的冷量进行放冷。数据中心初期负荷不高的情况下,合理利用蓄冷罐,优化数据中心运行模式,可以有效减少冷水机组的开启时间,节能的效果也是非常的明显。这种节能方式称之为"削峰填谷"。

2. 蓄冷罐的应急功能

蓄冷罐应急主要是在双路市电断电的情况是启用,双路市电断电,冷机停机无法继续制冷,此时蓄冷罐充当冷源。市电断电之后,应急电源由柴油发电机组提供,柴发启动成功之后,完成配送电,冷机以及配套设备启用,开始制冷,这段恢复过程所需要的时间为数据中心应急允许时间,一般时间值定为15分钟(参考值),此时间值由数据中心配置设备属性、自动控制系统以及值班人员工作素质等决定,所以不同数据中心应急允许时间也不相同。冷水机组在正常供冷过程中遇到停电故障时会进入故障保护状态,在电力供应恢复后,离心式冷水机组的压缩机导叶先恢复至正常开机的初始状态,再经过冷水机组控制系统对冷冻水循环水泵、冷却水循环水泵、管道电动阀、冷却塔等相关部件进行巡检,并确认正常运行后,冷水机组才能正常启动。

3. 蓄冷罐的定压补水作用

蓄冷罐的定压补水作用主要针对开始蓄冷系统。开始蓄冷罐设计及施工都要求保证蓄冷罐内最高液位高度高于冷冻水系统液位高度,利用蓄冷罐中水的静压力平衡系统压力。此外,当水泵启停瞬间对冷却水系统的水力冲击或者由于温度变化导致管道液体热胀冷缩的时候,开始蓄冷罐也可以起到一定的缓冲作用。

4. 蓄冷罐的应急水源作用

数据中心的建设一般要考虑当地的实际环境,就这导致不同的数据中心会有不同的设计风格。在上海周浦的一个 IDC 项目中,配置一个 3 000 m³ 开式蓄冷罐,除节能运行、应急制冷等基本作用外,还承担着应急水源的作用。当市政水停水且不满足恢复的情况时,蓄冷罐内的水作为应急水源满足数据中心运行消耗,保证机房一段时间内安全可靠地运行。

5. 水蓄冷的优势

水蓄冷具有投资小,运行可靠,制冷效果好,经济效益明显的特点,每年能为用户节省可观的中央空调年运行费用,还可实现大温差送水和应急冷源,相对于冰蓄冷系统投资大,调试复杂,推广难度较大的情况来说,水蓄冷具有经济简单的特点,维修方便,技术水平要求低。

适用于常规供冷系统的扩容和改造,可以通过不增加制冷机组容量而达到增加供冷容量的目的。

6. 蓄冷罐水蓄冷技术内容

(1)技术原理

水蓄冷中央空调系统是用水为介质,将夜间电网多余的谷段电力(低电价时)与水的显热相结合来蓄冷,以低温冷冻水形式储存冷量,并在用电高峰时段(高电价时)使用储存的低温冷冻水来作为冷源的空调系统。

(2)蓄冷罐方试

按照蓄冷罐的使用形式来说蓄冷罐又分为开式蓄冷罐和闭式蓄冷罐两种;按照蓄冷罐罐体结构设计方式又分为多罐(蓄水槽)式、迷宫式、隔膜式以及自然分层式,综合需求,目前蓄冷罐主要以自然分层的方式来设计。

(3)关键技术

蓄冷水箱的结构形式应能防止所蓄冷水和回流热水的混合,提高蓄冷水箱的蓄冷效率,增加蓄存冷水可用能量,因此如何降低冷温水界面间斜温层的厚度是技术的关键。

7. 自然分层蓄冷罐介绍

(1)自然分层蓄冷原理

水蓄冷自然分层是利用了水在不同温度下密度不同而实现自然分层的原理。水的密度与其温度密切相关,在水温大于 4 ℃时,温度升高密度减小,而在 0～4 ℃范围内,温度升高密度增大,3.98 ℃时水的密度最大。自然分层蓄冷就是依靠密度大的水会自然聚集在蓄冷罐的下部,形成高密度水层的原理而设计的。

表 3-2 水的温度和密度对照表

温度 T/℃	水的密度/(g·cm⁻³)	温度 T/℃	水的密度/(g·cm⁻³)	温度 T/℃	水的密度/(g·cm⁻³)
5.0	0.999 992	15.0	0.999 126	25.0	0.997 074
5.5	0.999 982	15.5	0.999 050	25.5	0.996 944
6.0	0.999 968	16.0	0.998 970	26.0	0.996 813
6.5	0.999 951	16.5	0.998 888	26.5	0.996 679
7.0	0.999 930	17.0	0.998 802	27.0	0.996 542
7.5	0.999 905	17.5	0.998 714	27.5	0.996 403

温度 $T/℃$	水的密度/$(g \cdot cm^3)$	温度 $T/℃$	水的密度/$(g \cdot cm^{-3})$	温度 $T/℃$	水的密度/$(g \cdot cm^{-3})$
8.0	0.999 876	18.0	0.998 623	28.0	0.996 262
8.5	0.999 844	18.5	0.998 530	28.5	0.996 119
9.0	0.999 809	19.0	0.998 433	29.0	0.995 974
9.5	0.999 770	19.5	0.998 334	29.5	0.995 826
10.0	0.999 728	20.0	0.998 232	30.0	0.995 676
10.5	0.999 682	20.5	0.998 128	30.5	0.995 524
11.0	0.999 633	21.0	0.998 021	31.0	0.995 369
11.5	0.999 580	21.5	0.997 911	31.5	0.995 213
12.0	0.999 525	22.0	0.997 799	32.0	0.995 054
12.5	0.999 466	22.5	0.997 685	32.5	0.994 894
13.0	0.999 404	23.0	0.997 567	33.0	0.994 731
13.5	0.999 339	23.5	0.997 448	33.5	0.994 566
14.0	0.999 271	24.0	0.997 327	34.0	0.994 399
14.5	0.999 200	24.5	0.997 201	34.5	0.994 230

（2）自然分层蓄冷罐结构组成

主要有钢制罐体、散流器（均流布水装置）、传感器、保温板以及立柱、支架。

（3）自然分层蓄冷罐运行特点

自然分层水蓄冷罐的结构形式如图 3-25 所示，在蓄冷罐中设置了上下两个均匀分配水流散流器，为保证进出水过程不影响到罐内水介质流动，不使冷热水介质大量发生热交换现象，散流器在设计的时候保证顶部散流器散流方向向上，底部散流器散流方向向下。为了实现自然分层的目的，要求在蓄冷和释冷过程中，热水始终是从上部散流器流入或流出，而冷水是从下部散流器流入或流出，即在蓄冷循环时，制冷设备送来的冷水由底部散流器进入蓄水罐，热水则从顶部排出，罐中水量保持不变。在放冷循环中，水流动方向相反，冷水由底部送至负荷侧，回流热水从顶部散流器进入蓄水罐应尽可能形成分层水的上下平移运动。

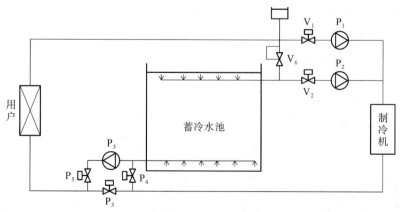

图 3-25　自然分层水蓄冷罐的结构形式

将水蓄冷与冰蓄冷进行比较,这两种蓄冷方式的最大不同就是水蓄冷是利用水的温度变化(显热变化)进行蓄冷,而冰蓄冷利用水的相态变化(相变所需的潜热)进行蓄冷。因此,冰、水蓄冷系统在下列方面发生了变化。

8. 维护与保养

蓄冷罐的维修保养项目很少,主要有罐体保温效果检查、电伴热状态检查、内部温度传感器检查以及罐内部结构的防腐防锈。

9. 附图(图3-26)

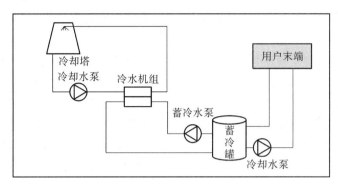

图 3-26　CAPSA 的水蓄冷系统

3.3.7　新风机组

为保障室内空气品质,为室内空间配备集中新风系统,而供应新风并对新风进行处理的主机则称为新风机组。

数据中心新风主要为提高数据中心机房内空气质量,保持正压,以及保证人正常工作的需求。

- 每人≥40 m³/h;
- 维持机房正压所需的新风量(主机房对走廊或其他房间之间的正压≥5 Pa、对室外的正压≥10 Pa)。

功能上按使用环境的要求可以达到恒温恒湿或者单纯提供新鲜空气;除尘、除湿(或加湿)、降温(或升温)等功能可以根据使用环境的需求来定,功能越齐全造价越高。

1. 新风机组控制

新风机组控制主要包括送风温度控制、送风相对湿度控制。如果新风机组要考虑承担室内负荷(如直流式机组),则还要控制室内温度(或室内相对湿度)。

(1) 送风温度控制

送风温度控制即是指定出风温度控制,其适用条件通常是该新风机组是以满足室内卫生要求而不是负担室内负荷来使用的。因此,在整个控制时间内,其送风温度以保持恒定值为原则。由于冬、夏季对室内要求不同,因此冬、夏季送风温度应有不同的要求。也即是说,新风机组定送风温度控制时,全年有两个控制值——冬季控制值和夏季控制值,因此必须考虑控制器冬、夏工况的转换问题。

送风温度控制时,通常是夏季控制冷盘管水量,冬季控制热盘管水量或蒸汽盘管的蒸汽流量。为了管理方便,温度传感器一般设于该机组所在机房内的送风管上。

（2）相对湿度控制

新风机组相对湿度控制的主要一点是选择湿度传感器的设置位置或者控制参数，这与其加湿源和控制方式有关。

①蒸汽加湿

对于要求比较高的场所，应根据被控湿度的要求，自动调整蒸汽加湿量。这一方式要求蒸汽加湿器用间应采用调节式阀门（直线特性），调节器应采用PI型控制器。由于这种方式的稳定性较好，湿度传感器可设于机房内送风管道上。

对于一般要求的高层民用建筑物而言，也可以采用位式控制方式。这样可采用位式加湿器（配快开型阀门）和位式调节器，对于降低投资是有利的。

采用双位控制时，由于位式加湿器只有全开全关的功能，湿度传感器如果还是设在送风管上，一旦加湿器全开，传感器立即就会检测出湿度高于设定值而要求关阀（因为通常选择的加湿器的最大加湿量必然高于设计要求值）；而一旦关闭，又会使传感器立即检测出湿度低于设定值而要求打开加湿器，这样必然造成加湿器阀的振荡运行，动作频繁，使用寿命缩短。显然，这种现象是由于从加湿器至出风管的范围内湿容量过小造成的。因此，蒸汽加湿器采用位式控制时，湿度传感器应设于典型房间（区域）或相对湿度变化较为平缓的位置，以增大湿容量，防止加湿器阀开关动作过于频繁而损坏。

②高压喷雾、超声波加湿及电加湿

这三种都属于位式加湿方式。因此，其控制手段和传感器的设置情况应与采用位式方式控制蒸汽加湿的情况相类似。即：控制器采用位式，控制加湿器启停（或开关），湿度传感器应设于典型房间区域。

③循环水喷水加湿

循环水喷水加湿与高压喷雾加湿在处理过程上是有所区别的。理论上前者属于等焓加湿而后者属于无露点加湿。如果采用位式控制器控制喷水泵起停时，则设置原则与高压喷雾情况相似。但在一些工程中，喷水泵本身并不做控制而只是与空调机组联锁起停，为了控制加湿量，此时应在加湿器前设置预热盘管，通过控制预热盘管的加热量，保证加湿器后的"机器露点"T_d L（L点为dN线与$\phi = 80\% \sim 85\%$的交点），达到控制相对湿度的目的。

（3）室内温度控制

对于一些直流式系统，新风不仅能使环境满足卫生标准，而且还可承担全部室内负荷。由于室内负荷是变化的，这时采用控制送风温度的方式必然不能满足室内要求（有可能过热或过冷）。因此必须对使用地点的温度进行控制。由此可知，这时必须把温感器设于被控房间的典型区域。由于直流系统通常设有排风系统，温感器设于排风管道并考虑一定的修正也是一种可行的办法。

除直流式系统外，新风机组通常是与风机盘管一起使用的。在一些工程中，由于考虑种种原因（如风机盘管的除湿能力限制等），新风机组在设计时承担了部分室内负荷，这种做法对于设计状态时，新风机组按送风温度控制是不存在问题的。但当室外气候变化而使得室内达到热平衡时（如过渡季的某些时间），如果继续控制送风温度，必然造成房间过冷（供冷水工况时）或过热（供热水工况时），这时应采用室内温度控制。因此，这种情况下，从全年运行而言，应采用送风温度与室内温度的联合控制方式。

2. 新风机组的工作原理

（1）新风机组温度控制系统是由比例积分温度控制器、安装在送风管内的温度传感器和电动调节阀组成。控制器的作用是把置于送风风道的温度传感器所检测到的送风温度传送至温控器与控制器设定的温度进行比较,并根据 PI 运算的结果,温控器给电动调节阀一个开/关阀的信号,从而使送风温度保持在所需要的范围。

（2）电动调节阀与风机连锁,以保证切断风机电源时风阀亦同时关闭。电动调节阀亦可实现与风机的联动,当风机切断电源时关闭电动调节阀。

（3）在需要制冷时,温控器置于制冷模式,当传感器测量的温度达到或低于设定温度时,温控器给电动阀一个关阀信号,电动阀的关阀接点接通阀门关闭。如果测量温度没达到设定温度,温控器给电动阀一个开阀信号,电动阀开阀接点接通阀门打开。在需要制热时,温控器置于制热模式,当传感器测量的温度达到或高于设定温度时,温控器给电动阀一个关阀信号,电动阀的关阀接点接通阀门关闭。如果测量温度没达到设定温度,温控器给电动阀一个开阀信号,电动阀开阀接点接通阀门打开。

（4）当过滤网堵塞时或当其超过规定值时,压差开关给出的开关信号。

（5）当盘管温度过低时,低温防冻开关给出开关信号,风机停止运行,防止盘管冻裂。

3. 新风机组功能段

新风机组有多个功能段,大致包括以下几个。

（1）过滤段:根据需要选配粗效过滤器、中效过滤器、高效过滤器等,主要用于有效捕集颗粒直径不等的尘粒。

（2）表冷段:用表冷器对新风进行冷却、减湿,控制送风温、湿度。

（3）加湿段:使用电极加湿、蒸汽加湿等,可以保证较严格的相对湿度要求。

（4）风机段:可根据需要选用离心风机、轴流风机,一般选用的是离心风机。

（5）杀菌段:如紫外灯杀菌。

以上为常规各个空气处理段,可以实现空调房间人体对温度、湿度、空气洁净度的要求。另外,考虑到节能需要,新风机组除了以上几个功能段外,还可能配备热回收段,热回收段是采用热回收装置回收排风中的冷热量来对新风进行预冷或预热,从而实现能量的回收利用。

4. 附图（图 3-27）

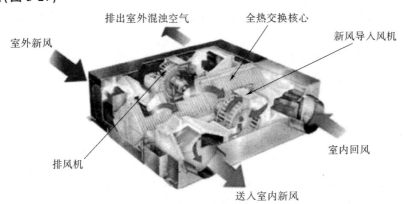

图 3-27　新风机组工作原理图

3.3.8　加湿器

数据中心加湿设备简单分为两种,一种是机房专用湿膜加湿器,另一种为机房精密空调自带加湿功能设备。

1. 湿膜加湿器的构造

湿膜加湿器主要用于数据中心机房湿度控制,它由湿膜、风机电动机、风叶、水泵、电控等组成。加湿系统的核心部件是蒸发介质—湿膜,其材料是由植物纤维或玻璃纤维加入特殊化学原料制成的,具有良好的吸水性及蒸发性。

2. 湿膜加湿器的工作原理

湿膜加湿器的工作原理很简单,水从湿膜的顶部通过疏水器沿湿膜的波纹表面均匀流下,使湿膜从上到下均匀的湿润,当干燥的热空气流过湿膜的表面,就会与湿膜中的水分进行热交换,水分受热蒸发变成水蒸气进入到空气当中,增加了空气的湿度,从而使干燥的热空气变成洁净湿润的空气。湿膜加湿器的湿膜材料是湿膜加湿器的核心,它以植物纤维为基材,经过特殊成分的树脂处理烧结形成波纹板状交叉重叠的高分子复合材料,具有极强的亲水性。

3. 精密空调自带加湿功能设备介绍

机房精密空调在设计的时候一般功能比较齐全,例如加湿、加热、除湿、漏水报警等,但是功能越多越强大,相应的设备价格也会越高,所以各种功能都会根据实际情况进行单独购买,或者选择等功能替代设备。精密空调自带加湿的形式一般分为红外线加湿和电极锅炉式加湿。

(1)红外线加湿器组成

红外线加湿器由高强度石英灯管、不锈钢反光板、不锈钢蒸发水盘、温度过热保护器、进水电磁阀、手动阀门、加湿水位控制器等组成。

(2)红外线加湿器工作原理

当空调房间湿度低于设定的湿度时,由电脑输出加湿信号,高强度石英灯管电源接通,通过不锈钢反光板反射,5～6 s内即可将水分子蒸发,送入送风系统,以达到加湿目的。水位控制是由浮球阀来担当的,并且和进水电磁阀共同组成了一个自动供水系统,如果供水量偏小或者无水供应,那么通过一个延时装置将自动切断红外线加湿灯管系统接触器线圈的电源,使之停止工作,在加湿器不锈钢反光板上部和水盘下部各有一个过热保护装置,当停水或水压不够时,设备出现过热现象,当温度达到设定值时,保护装置将停止加湿器工作状态,并同时引发加湿报警出现。

(3)电极锅炉式加湿器组成

电极锅炉式加湿器由电极锅炉、蒸汽喷雾管、进水电磁阀、排水电磁阀、水位控制器等组成。

(4)电极锅炉式加湿器工作原理

当空调房间湿度低于设定的湿度时,由计算机输出加湿信号,电源接通,电磁阀打开,水将充填到传感器。当加湿器中的电极加电以后,所产生的电流使水中的离子(不纯物质)产生运动,并逐渐热起来、达到沸点后产生蒸汽。几分钟之内加湿器罐内有大量的水蒸气,水蒸气不断地从蒸气出口管流出,进入箱体蒸发器,再由风机送到机房。使环境湿度提高从而就改变了湿度,正常运行中,供水电磁阀每几分钟会打开以重新充水。

4. 相关设备介绍

湿膜加湿器用于机房湿度调节,但是功能单一,仅作为加湿装置满足低湿条件下的加湿要求。除了湿膜加湿器,调节湿度的设备还有除湿机(抽湿机、除湿器)、干燥器等除湿设备,满足高湿条件时的除湿要求。综合加湿器与除湿机的要求,目前市场上已经出现恒湿机,同时兼具加湿与除湿的作用,满足机房不同湿度环境下工作要求。一般来说,数据中心机房配置的新风机组能等露点送风的,通常会配置湿膜加湿器,至于除湿机以及恒湿机就比较少见,需要综合考虑实际情况与经济能力,最终综合决定。

5. 附图(图 3-28)

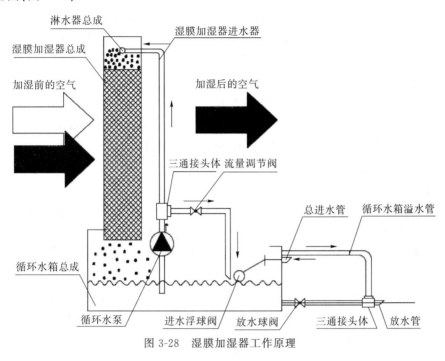

图 3-28 湿膜加湿器工作原理

3.3.9 循环水处理系统

在冷却水循环使用的过程中,通过冷却构筑物的传热与传质交换,循环水中离子,溶解性固体,悬浮物相应增加,空气中污染物如尘土、杂物、可溶性气体和换热器物料渗漏等均可进入循环水,致使微生物大量繁殖,综上影响使得循环冷却水系统的管道中产生结垢、腐蚀和粘泥等现象,导致换热器换热效率降低,增加运行成本。循环冷却水处理的目的就在于消除或减少结垢、腐蚀和生物粘泥等危害,使系统可靠、高效、节能地运行。

目前,对循环冷却水进行处理分为物理法和化学法两种。化学方法即向水中投加具有阻垢、缓蚀、杀菌、灭藻作用的水质稳定剂。从而对循环水进行处理。传统的加药法操作一般需先对水质进行分析,并通过动态模拟方式确定,同时需要注意其缓蚀、阻垢、灭菌、防藻的协同效果。如果水质稳定剂配方选择不当,将造成顾此失彼的结果。对于空调冷却水来说,此法技术要求较高,操作管理方法复杂,特别要注意药剂对系统材料的腐蚀性,在空调暖通专业要注意使用。空调暖通冷却水系统一般采用物理法。物理法处理设备简单,便于操作,运行费用低,它主要通过形成高频电磁场来达到防垢、除垢、缓蚀、杀菌、灭藻以及防锈等功能。

1. 加药装置

加药装置是中央空调配套水处理系统的比较好的设备,靠投加药剂来维持保证中央空调循环水质的正常状态。药剂的功能虽然相似,起到缓蚀除垢、杀菌灭藻的作用,但是由于药剂厂家不同、药剂成分以及配比浓度等都不相同,所以具体的加药计量还需药品厂家出具文件规程。要想达到更好的使用效果,我们必须清晰的理解为什么要投加这些药剂。对于防垢、防腐,应选用合理的水处理药剂,保证设备不结垢、无腐蚀。对于杀菌、灭藻很多单位都在定期投加杀菌灭藻剂。目前市面上常用的杀菌灭藻剂都具有氧化性(也有无氧化性的),因此对铁系统都有腐蚀作用,长期投加会对系统造成腐蚀,用户在选择杀菌灭藻剂时要注意。杀菌灭藻是被动做法,如果我们在选择防腐阻垢剂时,选择能抑制细菌和藻类生长的药剂,则会起到多重功能的目的,这样就可以不投或少投杀菌灭藻剂。而水系统中既无垢、无腐蚀,也不长细菌和藻类,整个水系统无任何杂质,运行中可以做到节电 20% 以上。我们在投加药剂的同时,调节中央空调循环水系统中的 pH 值也至关重要。中央空调循环水系统中既有铜又有铁,两种金属都得到保护,就应该控制系统水的 pH 值在 9~9.9 之间。铁的钝化区 pH 值在 9~13,喜碱性介质,而铜怕碱,当 pH 值达到 10 时,铜开始受腐蚀,故在铜与铁都共存的循环水系统中,要严格控制 pH 值在 9~9.9,这样做还有利于抑制细菌和藻类生长。

药物选择:氢氧化钠、三聚磷酸钠、次氯酸钠。

2. 微晶旁流装置

经过旁流水处理器后,水分子聚合度降低,结构发生变形,产生一系列物理化学性质的微小弹性变化,如木偶极矩增大、极性增加,因而增加了水的水合能力和溶垢能力;水中所含盐类离子如 Ca^{2+}、Mg^{2+} 受到电场引力作用,排列发生变化,难于趋向器壁积聚;特定的能场改变 $CaCO_3$ 结晶过程,抑制方解石产生,提供产生文石结晶的能量;在电场作用下,处理器产生大量的微晶,微晶可将水中易成垢离子优先去除,形成疏松的文石,经辅机分离排出系统,从而达到防垢的目的;水经处理后产生活性氧。对于已经结垢的系统,活性氧破坏垢分子间的电子结合力,改变晶体结构,使坚硬老垢变为疏松软垢,这样积垢逐渐剥落,乃至成为碎片、碎屑脱落,达到除垢的目的。

(1)防垢机理

净元感应水处理器通过主机在水中产生一个频率、强度都按·定规律变化的感应电磁场。该电磁场使水中的成垢离子结合成大量的文石晶核,当水中矿物质含量超过水的饱和溶解度时,成垢离子就会析出并优先生长在这些晶核上形成文石晶体,这样向器壁上析出水垢的趋势被转化成向悬浮在水中的大量文石晶核上析出形成文石晶体,这些文石晶体的粘附性很弱,呈松软絮状,悬浮在水中,很容易被水流冲走,这样就达到了防垢的目的。

(2)除垢机理

原来器壁上的垢仍在不断地向水中溶解,在净元的作用下,成垢离子向器壁上的析出变成向悬浮在水中的大量文石晶核上析出,即大量的文石晶体析出取代了方解石晶体析出,原水垢逐渐溶解,由于溶解速度不均,垢会变得疏松并脱落,被水流冲走。

(3)杀菌机理

水垢是细菌的滋生地,清除了水垢,也就清除了细菌的滋生地;并且水中的感应电场破坏了细菌的细胞壁,使其难以生存;处理后的水溶解能力提高,水中溶氧量会提高,会限制厌氧菌的生成。

(4)除锈防蚀机理

水锈在感应电场的作用下被清除后,在水管内壁形成一层金属氧化膜,其阻止新的水锈生成。即把红锈(Fe_2O_3)还原成具有很强耐腐蚀力的黑锈外膜(Fe_3O_4),从而达到了阻锈、防腐的效果。

在数据中心中,一般循环水处理采用物理法与化学法结合使用的方式,及时进行暖通空调循环水处理工作,做好防垢、防锈、防微生物、防黏泥垢的管理,延长系统使用寿命、保证系统高效稳定的长期运行。

3. 附图(图 3-29、图 3-30)

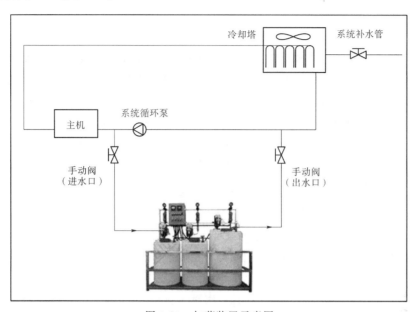

图 3-29　加药装置示意图

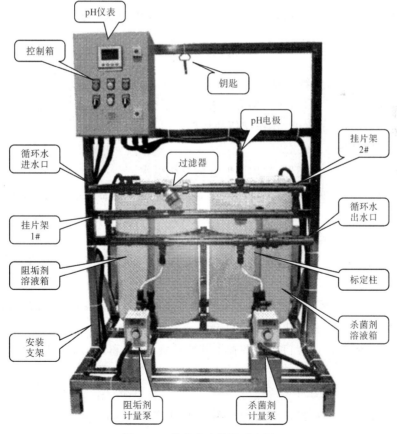

图 3-30　微晶旁流装置示意图

3.3.10 软化水装置

全自动软水器主要应用于数据中心水系统冷冻侧,对充注进入冷冻水系统的市政水或者井水起到软化的作用,降低原水的钙(Ca^{2+})、镁(Mg^{2+})离子浓度,从而降低原水的硬度。

1. 软化水装置的结构组成

软化水装置是采用离子交换原理,去除水中钙、镁等结垢离子,通常由控制器、树脂罐、盐罐等组成的一体化设备。其控制器可选用自动冲洗控制器,手动冲洗控制器。自动控制器可自动完成软水,反洗再生,正洗及盐液箱自动补水全部工作的循环过程。树脂罐可选用玻璃钢罐、碳钢罐或不锈钢罐。盐罐主要装备盐用于树脂饱和后的再生。

2. 软化水装置的工作原理

全自动软水器的基本原理是化学置换反应原理。水的硬度主要是由钙、镁离子所构成,当进水为深井水或者水源硬度很大的情况下,含有硬度离子的原水经过软水器内树脂层时,水中的钙镁离子被树脂交换吸附,同时等物质释放出的钠离子。从软水器内流出的水就是去掉了硬度离子的软化水。当树脂吸收一定量的钙、镁离子之后,就必须进行再生。再生过程就是用盐箱中的食盐来冲洗树脂层,把树脂上的硬度离子再置换出来,随再生废液排出罐外,树脂就又恢复了软水交换的能力。如果没有软水器或软水器失效,钙、镁盐在反渗透膜表面因浓度急剧升高而形成难溶于水的沉淀物,堵塞反渗透膜孔,使反渗透膜的使用寿命缩短,增加设备的维护成本。

3. 设备分类

(1) 时间控制型全自动软水器

到设定时间才开始还原,最短周期为一天,适用于空调系统等用水量稳定的系统供水;

具有控制方式简单、成本低、操作简便的特点。

(2) 流量控制型全自动软水器

流量达到设定值时开始还原;适用于所有的系统供水;

该方式精确度高,出水稳定可靠,设有记忆功能,停电后不需要重新进行数值设定。

4. 设备特点

(1) 自动化程度高,运行工况稳定;

(2) 先进程序控制装置,运行准确可靠,替代手工操作,完全实现水处理的各个环节的自转换;

(3) 高效率低能耗,运行费经济。由于软化器整体设计合理,使树脂的交换得以充分发挥,设备采用射流式吸盐,替代盐泵,降低了能耗;

(4) 设备结构紧凑,占地面积小,节省了基建投资、安装和调试,使用简便易行,运行部件性能稳定。

5. 管理与维护

盐罐内的盐量需定期观察,保证软水系统内高浓度的 NaCl 溶液。

6. 附图(图 3-31)

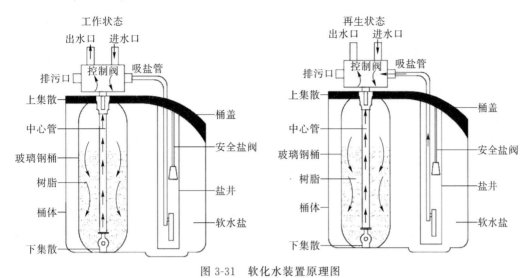

图 3-31　软化水装置原理图

3.3.11　反渗透 RO 水处理器

反渗透可有效地去除水中的溶解盐、胶体,细菌、病毒、细菌内毒素和大部分有机物等杂质。反渗透膜的主要分离对象是溶液中的离子范围,无须化学品及可有效脱除水中盐分,系统除盐率一般为 98% 以上。

1. 反渗透纯净水设备概述

反渗透简称 RO 是膜法水处理设备的一种,反渗透技术简是当前制备纯水及高纯水时应用最广的一种设备。在膜设备当中,反渗透膜可去除离子级杂质,使出水达到纯水及高纯水的标准。反渗透膜的膜孔径非常小(仅为 1 nm 左右),因此能够有效地去除水中的溶解盐类、胶体、微生物、有机物等(去除率高达 97%~98%)。系统具有水质好、耗能低、无污染、工艺简单、操作简便等优点。一般自来水经一级反渗透系统处理后,产水电导率<10 μS/cm,经二级反渗透系统后产水电导率<5 μS/cm 甚至更低,在反渗透系统后辅以离子交换设备或 EDI 设备可以制备超纯水,使电阻率达到 18 MΩ(电导率=1/电阻率)时反渗透是用足够的压力使溶液中的溶剂(一般常指水)通过反渗透膜(一种半透膜)而分离出来与渗透方向相反,可使用大于渗透压的反渗透法进行分离、提纯和浓缩溶液。反渗透膜的主要分离对象是溶液中的离子范围。

2. 反渗透纯净水设备原理

反渗透是与渗透相对应的概念,即在浓液一侧加上比自然渗透压更高的压力,使浓液中的溶剂(水)压到半透膜的另一边稀溶液中,这一过程和与自然界正常渗透过程是相反的。因此,它能够将水中的杂质拦截在膜的一侧,而让水到膜的另一侧,从而制得纯水及高纯水。反渗透设施生产纯水的关键有两个,一是一个有选择性的膜,称之为半透膜;二是一定的压力。简单地说,反渗透半透膜上有众多的孔,这些孔的大小与水分子的大小相当,由于细菌、病毒、大部分有机污染物及水合离子均比水分子大得多,因此不能透过反渗透半透膜而与透过反渗透膜的水相分离。

3. 反渗透纯净设备工艺流程

原水→原水箱→原水泵→多介质过滤器(石英砂过滤器)→活性炭过滤器→软水处理器→

精密过滤器→高压泵→一级反渗透(RO)装置→纯净水箱→高压泵→二级反渗透→紫外线杀菌装置→用水点

一套完整的反渗透纯净水设备系统分别由预处理部分、反渗透主机(膜过滤部分)、后处理部分和系统清洗部分共同组成。

4. 反渗透纯净水设备预处理部分

反渗透纯净水设备的预处理常常由石英砂过滤装置,活性炭过滤装置,精密过滤装置组成,主要目的是去除原水中含有的泥沙、铁锈、胶体物质、悬浮物,色素、异味、生化有机物,降低水的余氯值及农药污染等有害的物质。如果原水中钙镁离子含量较高时,还需增加软水装置,主要目的在于保护后级的反渗透膜不受大颗粒物质的破坏,从而延长反渗透膜的使用寿命。

5. 反渗透纯净水设备主机

主要由增压泵、膜壳、反渗透膜、控制电路等组成,是整个水处理系统中的核心部分,产水水质的好坏最主要也取决该部分。只要膜的型号及增压泵的型号选取得当,反渗透主机对水中盐分的过滤能力都能达到 99% 以上,出水电导率可保证在 10 $\mu S/cm$(25 ℃)以内。反渗透纯净水设备后处理部分主要是对反渗透主机制取的纯水做进一步的处理,如果后续工艺接离子交换或电去离子(EDI)设备,则可以制取工业用超纯水,如果是用在民用直饮水工艺上,则常常接后置杀菌装置,例如可以接纸外线杀菌灯或者臭氧发生器,从而使出来的水可以直接饮用。

6. 反渗透纯净水设备清洗部分

为了保证反渗透纯净水设备系统的正常运行及延长反渗透膜元件的使用寿命,当反渗透系统运行一段时间后为去除碳酸钙垢、水中金属氧化物垢、生物滋长(细菌、真菌、霉菌等)等物质就需要对系统进行清洗。

3.3.12 循环水泵

水泵是输送液体或使液体增压的机械。它将原动机的机械能或其他外部能量传送给液体,使液体能量增加,主要用来输送液体包括水、油、酸碱液、乳化液、悬乳液和液态金属等,也可输送液体、气体混合物以及含悬浮固体物的液体;水泵性能的技术参数有流量、吸程、扬程、轴功率、水功率、效率等。

在数据中心的冷源系统中,水泵主要是用来输送热量转移的介质水,为系统提供适宜的水压和流量,保证整个水冷系统稳定、高效的运行。

1. 水泵工作原理

在打开水泵后,叶轮在泵体内做高速旋转运动(打开水泵前要使泵体内充满液体),泵内的液体随着叶轮一块转动,在离心力的作用下液体在出品处被叶轮甩出,甩出的液体在泵体扩散室内速度逐渐变慢,液体被甩出后,叶轮中心处形成真空低压区,液池中的液体在外界大气压的作用下,经吸入管流入水泵内。泵体扩散室的容积是一定的,随着被甩出液体的增加,压力也逐渐增加,最后从水泵的出口被排出。液体就这样连续不断地从液池中被吸上来然后又连续不断地从水泵出口被排出去。

2. 水泵的分类

(1) 根据不同的工作原理可分为容积水泵、叶片泵等类型。容积泵是利用其工作室容积的变化来传递能量,有齿轮泵、螺杆泵、柱塞泵;叶片泵是利用回转叶片与水的相互作用来传递能量,有离心泵、轴流泵和混流泵等类型。

（2）根据不同的用途进行分类,可分为循环泵、输送泵、消防泵、试压泵、排污泵、计量泵、输油泵、加压泵、排水泵、加药泵、过滤泵等类型。

（3）根据不同的介质进行分类,可分为清水泵、污水泵、热水泵、油泵、气泵、酸碱泵、药剂泵、气液泵、杂质泵等类型。

（4）根据不同的行业进行分类,可分为供水泵、供暖泵、空调泵、消防泵、锅炉泵、水处理泵、园林泵等类型。

3. 水泵的应用

在数据中心冷源系统中,水泵的应用通常有冷冻水循环泵（简称冷冻泵）、冷却水循环泵（简称冷却泵）、补水泵、加药泵、排污泵、蓄冷泵、释冷泵等。

（1）冷冻水循环泵

冷源系统（水冷）都会配置冷冻泵,冷冻泵通常接在冷冻水的回水管道上的。冷冻泵的作用是循环冷冻水,将经制冷机（或板换）降温的冷冻水通过输送管道送到中央空调的各出风口处的风机盘管组件中,对环境起降温作用。冷冻水的流量与冷冻泵的转速成正比,当冷冻泵转速高时,冷冻水的流量大,流速也快。因此,当冷冻水流过风机盘管组件时,还没有充分的时间将所携冷量全部释放完,就又返回制冷机去了,因此冷冻泵电动机会做很多无用功,这些都是不必要的能耗。若能够调节冷冻泵电动机的转速,根据实际热负荷的大小来调节冷冻水的流量（实际上是调节交换冷量的大小）,以便让冷冻水在风机盘管组件中有充分的时间释放与热负荷大小相当的冷量,冷冻泵电动机的功耗就可大大降低。

（2）冷却水循环泵

具有冷却水系统的冷源系统才会配置冷却泵,冷却泵通常接在冷却水的回水管道上的。冷却泵的作用是循环冷却水,冷冻水的热量通过冷水主机内的冷媒（或板换）传递给冷却水,冷却泵将升温后的冷却水压入冷却塔,通过冷却塔与大气进行热交换达到给冷却水降温的目的,降温后的冷却水在冷却泵的作用下回到冷机冷凝器（或板换）继续进行热交换,持续重复此循环。冷却水的流量与冷却泵的转速成正比,当冷冻泵转速高时,冷水的流量大,流速也快。因此,为了降低冷却泵的能耗,通常数据中心会配置具有变频功能的冷却泵,并采用相应的控制逻辑实现冷却泵的频率调节,从而在保证满足水冷系统正常工况的基础上,合理的控制水流量以达到节能目的。

（3）补水泵

一个处于生产中的数据中心冷源系统时刻都在消耗水,水的消耗主要由冷却塔散热蒸发的冷却水,加湿器加湿消耗的冷冻水、冷却水排污、冷冻水排污、清洗冷却塔、清洗空调室外机等几部分组成,因此,补水系统是数据中心水冷系统必不可少的组成部分,为了维持系统运行正常的水流量,防止管道内缺水以及保证水泵在正常工况下运行,冷冻水和冷却水系统通常都会配置恒压补水泵。

补水泵的作用是,在系统运行中,由于用水量的变化,使供水压力发生变化,通过压力传感器将压力变化信号传送给运行控制器,经控制器电脑与设定压力比较判断后,调整变速泵转速或水泵运行台数,调整供水流量使供水压力重新回到设定的压力值,满足用水要求。

（4）其他水泵

加药泵:现阶段数据中心的冷却水系统多为开式系统,水质相对较差,因此,通常冷却水系统会配置加药装置,定周期的对系统进行加药,加药泵为加药装置的重要组成部分,用于加药时提供流量。

排污泵:由于冷冻水、冷却水系统均需要定期排污以及考虑到水管路的跑、冒、滴、漏,通常冷冻站内都会配置自动排污泵,当集水坑内污水达到固定液位时,排污泵会自动启停,以满足生产需要。

蓄冷泵:用于蓄冷水槽储存冷量时提供冷冻水流量。

释冷泵:用于蓄冷水槽释放冷量时提供冷冻水流量。

4. 水泵的故障

水泵的常见故障原因及排除方法有以下几种。

(1) 无法启动

首先应检查电源供电情况:接头连接是否牢靠;开关接触是否紧密;保险丝是否熔断;三相供电的是否缺相等。如有断路、接触不良、保险丝熔断、缺相,应查明原因并及时进行修复。其次检查是否是水泵自身的机械故障,常见的原因有:填料太紧或叶轮与泵体之间被杂物卡住而堵塞;泵轴、轴承、减漏环锈住;泵轴严重弯曲等。排除方法:放松填料,疏通引水槽;拆开泵体清除杂物、除锈;拆下泵轴校正或更换新的泵轴。

(2) 水泵发热

原因:轴承损坏;滚动轴承或托架盖间隙过小;泵轴弯曲或两轴不同心;胶带太紧;缺油或油质不好;叶轮上的平衡孔堵塞,叶轮失去平衡,增大了向一边的推力。排除方法:更换轴承;拆除后盖,在托架与轴承座之间加装垫片;调查泵轴或调整两轴的同心度;适当调松胶带紧度;加注干净的黄油,黄油占轴承内空隙的 60% 左右;清除平衡孔内的堵塞物。

(3) 吸不上水

原因是泵体内有空气或进水管积气,或是底阀关闭不严灌引水不满、真空泵填料严重漏气,闸阀或拍门关闭不严。排除方法:先把水压上来,再将泵体注满水,然后开机。同时检查逆止阀是否严密,管路、接头有无漏气现象,如发现漏气,拆卸后在接头处涂上润滑油或调和漆,并拧紧螺丝。检查水泵轴的油封环,如磨损严重应更换新件。管路漏水或漏气。可能安装时螺帽拧得不紧。若渗漏不严重,可在漏气或漏水的地方涂抹水泥,或涂用沥青油拌和的水泥浆。临时性的修理可涂些湿泥或软肥皂。若在接头处漏水,则可用扳手拧紧螺帽,如漏水严重则必须重新拆装,更换有裂纹的管子;降低扬程,将水泵的管口压入水下 0.5 m。

(4) 剧烈震动

主要有以下几个原因:电动转子不平衡;联轴器结合不良;轴承磨损弯曲;转动部分的零件松动、破裂;管路支架不牢等原因。可分别采取调整、修理、加固、校直、更换等办法处理。

(5) 电动机过热

原因有四。一是电源方面的原因:电压偏高或偏低,在特定负载下,若电压变动范围应在额定值的 $-5\% \sim 10\%$ 之外会造成电动机过热;电源三相电压不对称,电源三相电电压相间不平衡度超过 5%,会引绕组过热;缺相运行,经验表明农用电动机被烧毁 85% 以上是由于缺相运行造成的,应对电动机安装缺相保护装置。二是水泵方面的原因:选用动力不配套,小马拉大车,电动机长时间过载运行,使电动机温度过高;启动过于频繁、定额为短时或断续工作制的电动机连续工作。应限制启动次数,正确选用热保护,按电动机上标定的定额使用。三是电动机身的原因:接法错误,将 △ 形误接成 Y 形,使电动机的温度迅速升高;定子绕组有相间短路、匝间短路或局部接地,轻时电动机局部过热,严重时绝缘烧坏;鼠笼转子断条或存在缺陷,电动机运行 1~2 小时,铁心温度迅速上升;通风系统发生故障,应检查风扇是否损坏,旋转方向是否正确,通风孔道是否堵塞;轴承磨损、转子偏心扫膛使定转子铁心相擦发出金属撞击声,铁心温度迅速上升,严重时电动机冒烟,甚至线圈烧毁。四是工作环境方面的原因:电动机绕组受潮或灰尘、油污等附着在绕组上,导致绝缘能力降低。应测量电动机的绝缘电阻并进行清扫、干燥处理;环境温度过高。当环境温度超过 35 ℃时,进风温度高,会使电动机的温度过高,应设法改善其工作环境。如搭棚遮阳等。注意:因电方面的原因发生故障,应请获得专业资格证书的电工维修,一知半解的人不可盲目维修,防止人身伤害事故的发生。

（6）汽蚀现象

水泵的汽蚀是由水的汽化引起的,所谓气化就是水由液态转化为气态的过程。水的气化与温度和压力有一定的关系,在一定压力下,温度升高到一定数值时,水才开始气化;如果在一定温度下,压力降低到一定数值时,水同样也会气化,把这个压力称为水在该温度下的气化压力。如果在流动过程,某一局部地区的压力等于或低于与水温相对应的气化压力时,水就在该处发生气化。气化发生后,就会形成许多蒸汽与气体混合的小气泡。当气泡随同水流从低压区流向高压区时,气泡在高压的作用下破裂,高压水以极高的速度流向这些原气泡占有的空间,形成一个冲击力。金属表面在水击压力作用下,形成疲劳而遭到严重破坏。因此把气泡的形成、发展和破裂以致材料受到破坏的部过程,称为气蚀现象。

（7）噪声大

①旋片对缸体的撞击,水泵残余容积和排气死隙中的压力油的发声;

②排气阀片对阀座和支持件的撞击;

③箱体内的回声和气泡破裂声;

④轴承噪声;

⑤大量气、油冲击挡油板等引起的噪声;

⑥电动机噪声;

⑦其他,如传动引起的噪声,风冷水泵的风扇噪声等。

5. 附图（图 3-32）

Section drawing 水泵结构图

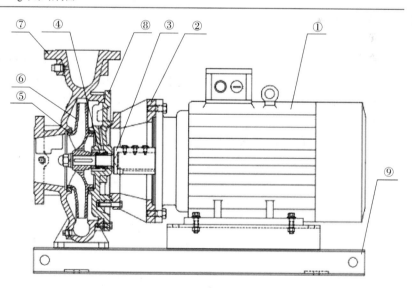

1	Motor	电动机	6	Impeller	叶轮
2	Lantern	连接架	7	Pump housing	泵体
3	Shaft	泵轴	8	Housing cover	泵盖
4	Mechanical seal	机械密封	9	Baseplate	基座
5	Wear ring	口环			

图 3-32　水泵结构图

3.3.13 补水装置

1. 定压补水装置补水功能

定压补水装置(脱气)设备主要应用于冷冻水补水系统,采用系统静压作为膨胀水箱内的设计初始压力水头,采用保证系统内热水不汽化的压力作为膨胀水箱内动行终端压力水头。初始运行时首先启动补水泵向系统及隔膜式气压罐内的水室中充水,系统充满后多余的水被挤进胶囊内。因为水的不可压缩性,随着水量的不断增加,水室的体积也不断地扩大而压缩气室,罐内的压力也不断地升高。当压力达到设计压力时,通过压力控制器使补水泵关闭。当系统中的水由于泄漏或温度下降而体积缩小,系统压力降低时,胶囊中的水被不断压入管网补充系统的压降损失,当系统压力至设计允许的最低压力时,压力控制器检测到欠压信号启动补水泵向管网及气压罐内补水,如此周而复始,满足冷冻水系统内的水压及水量满足使用要求。

另外,目前数据中心行业中定压补水装置很多亦会有排气功能,集于一体,减少设备占地面积以及设备经济投入。

2. 冷却水补水系统

冷却塔在使用的过程中,冷却水存在着蒸发、飘逸损失,以及在循环系统中存在设备、管路的泄露损失,所以要对系统经常补水。一个设计合理,设备状态较好,管路也较正规的系统,其损耗一般占循环水量的3%~5%,当补水环节不完善,补水量就远不止5%,以下介绍两种补水方式。

(1)自动补水装置

这套装置主要是利用传感器,液位控制器,液位指示器和执行机构所组成,为准确反应冷却塔水盘中的水位,在冷却塔水盘外做一个平衡器,它的作用是放置液位传感器,如电极棒,还可起到稳定水位,防止水盘中由于淋水飞溅造成水面波动形成的假水位。此种补水方式,补水泵频繁启动,减少设备使用寿命。

(2)持续补水

冷却水管道设计送回水管道,采用不同口径,送水管径大于回水管径,当系统开始运行时,补水泵持续运行,向冷塔输送冷却水,当水量需求较大时,满足冷却用水,当水量需求较少时,多余水量由回水管道返回到蓄水池。此种补水方式,补水泵长时间运行,耗电量大。

(3)浮球阀

当冷却塔中水位下降时,浮球阀随水位下降,打开阀门,进行补水,当水量上涨时,浮球阀关闭,停止补水,其示意图如图3-33所示。

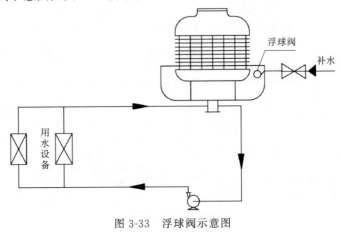

图3-33 浮球阀示意图

3. 加湿补水系统

加湿补水系统与定压补水装置原理相似，系统内保持一定水压，当加湿耗水时，系统内的水通过浮球阀补到加湿器里，当系统由于补水压力降低到设定值时，加湿补水泵启动，重新恢复到设置状态，如此循环保证加湿系统的稳定运行。

3.3.14 真空脱气机

1. 制冷水循环系统中气体的危害

在数据中心制冷水循环系统中，由于系统补水和管网泄漏，水中会无可避免地会出现空气，积聚的气体会随着冷冻水的循环在系统中运行，导致管道或者设备内产生气阻，降低系统传热效率，腐蚀系统设备，使系统产生噪声和气蚀，降低管道和设备的使用寿命，影响系统安全稳定运行的同时增加了维保的压力与资金投入。

（1）空气在水中存在形式

空气的聚集气体停滞在最高点——在系统充水的过程中由于气体密度较小气体被排挤到系统最高点此时如果系统的排气阀关闭或存在故障，则聚集在最高点的气体不能被排放。这种情况下聚集的部分空气会溶解到水里，导致气体在水中呈过饱和状态所以在系统加热时水的溶解度降低，在循环过程中便释放出气泡。

大游离气泡存在于流动的水中——在水的流动过程中，水携带大量气泡，在通常情况下管道内流体中气泡分离困难，如果要分离并收集这些气泡，必须在特殊的装置中进行。

微小游离气泡体积小但数量巨大——肉眼很难发现微小气泡，但微小游离气泡大量存在使水呈现乳白色。当水流动时气泡以特殊的方式被携带，只能通过特殊的分离装置才能将它们分离。如果存在固体粒子则形成较大的气泡。气体附着在固体表面使得分离过程变溶解的气体肉眼看不见——气体分子以一种特殊的方式附着在水分子之间此时只有在高倍显微镜下才可看见气体的存在。当压力降低或水温升高时气体才被分离出来。由于在一个系统中各个位置的温度和压力是不同的因此溶解的气体在循环过程中处于溶解与释放的不断变化中。

（2）空气的危害

锈蚀与腐蚀空气随着系统补水进入系统中，空气中的氧分子与管道和设备的金属原子发生化学反应生成氧化铁，即铁锈。这种化学反应一方面会导致腐蚀，腐蚀严重时会使水管、散热器、锅炉发生泄漏，另一方面腐蚀产物即铁锈随着液体的流动被带到系统的各个位置沉积下来导致堵塞，阻塞设备零部件、控制阀、水泵、降低锅炉及换热器的换热性能。

压力波动、循环不畅，空气中的氮气及其他气体分子在水中若以游离气泡的形式存在对系统循环将造成不利影响。一方面游离气泡使系统中的水量相对降低压力波动；另一方面在紊流条件下某些靠热压工作的部件可能失效使水泵性能降低或失效使控制阀不能正常工作，特别在系统低负荷运行状态下情况更为严重。

噪声，系统中的游离气体会随着水流在设备、管道和散热器中流动而产生较大噪声。

降低供热制冷效率，气泡附着在散热面上阻止热的传导、辐射从而降低设备的换热传热性能，如果气体过度聚集最终将导致循环停止，并使散热器完全无法传递热量。

2. 真空脱气机的工作原理

真空脱气机通过产生真空，将水中的游离气体和溶解气体释放出来，再通过自动排气阀排出系统,脱气后的水再次注入系统中,此时这些含低气量的水是不饱和水,对气体有高度的吸收性,它将吸收系统中的气体从而达到气水平衡。

3. 工作过程

真空脱气机组的脱气过程分为以下两个阶段。

抽水阶段:系统中的液体进入脱气罐,液体中含有的所有气体都会被释出,并通过脱气罐顶部的自动放气阀与系统分离。

抽真空阶段:脱气泵会对罐内持续抽真空,制造负压状态,使液体中溶解态气体全部析出,聚集在罐的顶部并排出,此时进水电磁阀再次打开,新的液体进入罐内,那些经脱气处理过的,有吸收性液体,重新注入系统中参与循环,并重新吸收系统中的气体。

4. 真空脱气机的工作原理图(图 3-34)

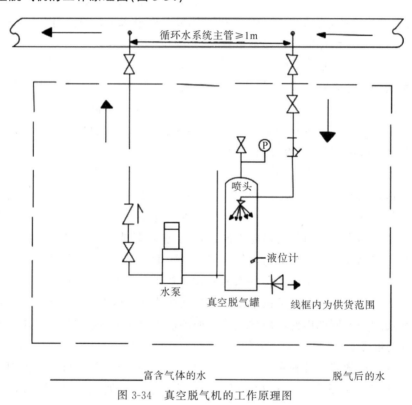

图 3-34　真空脱气机的工作原理图

3.3.15　管道上的阀门和过滤器

1. 蝶阀(图 3-35)

蝶阀:启闭件为圆盘,围绕阀轴旋转来达到开启与关闭的一种阀门,在管道上主要起切断和节流作用。在阀杆上加装涡轮减速器,使蝶板具有自锁能力,还可以改善其操作性能。蝶板由阀杆带动,若转过 90°,便能完成一次启闭。改变蝶板的偏转角度,即可控制介质的流量。

蝶阀是数据中心数量最多的阀门,规格型号有 DN600、DN500、DN400、DN350、DN200、DN150 等。根据管道管径的不同选择相应的蝶阀,蝶阀在操作的时候需要切记一点:蝶阀顺时针转动为关,逆时针转动为开,阀门打开或关闭,到位之后要回半圈作用,反之卡死。

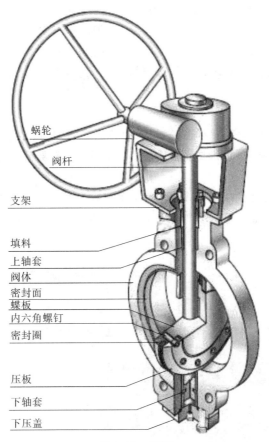

蜗轮

阀杆

支架

填料
上轴套
阀体
密封面
蝶板
内六角螺钉
密封圈

压板

下轴套

下压盖

图 3-35　蝶阀

2．闸阀（图 3-36）

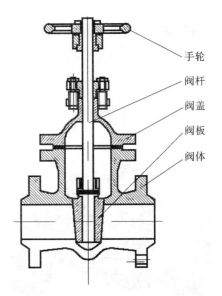

手轮

阀杆

阀盖

阀板

阀体

图 3-36　闸阀

闸阀:启闭件是闸板,闸板的运动方向与流体方向垂直,闸阀只能作全开或全闭。明杆闸阀:闸阀的闸板随阀杆一起做直线运动。暗杆闸阀:闸阀阀杆螺母设在闸板上,手轮转动带动阀杆转动,而闸板提升。在实际使用时,是以阀杆的顶点作为标志,即开不动的位置,作为它的全开位置,为考虑温度变化出现的锁死状态,通常在开到顶点位置上,再倒回0.5~1圈,作为全开阀门的位置。

3. 球阀(图3-37)

球阀:启闭件由阀杆带动,并绕球阀轴线做旋转运动的阀门,亦可用于流体的调节与控制,在管路中主要用来做切断,分配和改变介质的流向方向,仅需要用旋转90°的操作和很小的转动力矩就能关闭严密。

球阀一般适用于管径较小的管道,多用于管道系统泄水阀。球阀使用过程中亦损坏,若水中杂质焊渣将球阀阀体损伤,会造成截断不严的后果,所以需要常备相同规格的堵头,以备不时之需。

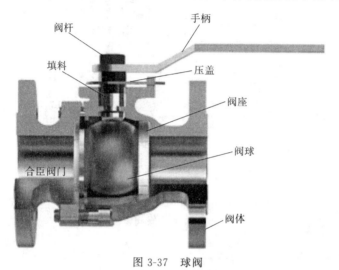

图3-37 球阀

4. 止回阀(图3-38~图3-40)

止回阀:依靠介质本身流动而自开,闭阀瓣,起主要作用是防止介质倒流、防止泵及驱动电动机反转,以及容器介质的泄放。止回阀属于自动阀类,按照结构划分,可分为升降式止回阀,旋启式止回阀和蝶式止回阀三种:(1)升降式止回阀分为立式和卧式两种。(2)旋启式止回阀分为单瓣式,双瓣式和多瓣式三种。(3)蝶式止回阀为直通式。

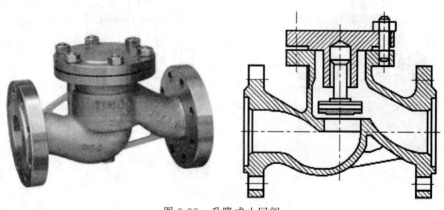

图3-38 升降式止回阀

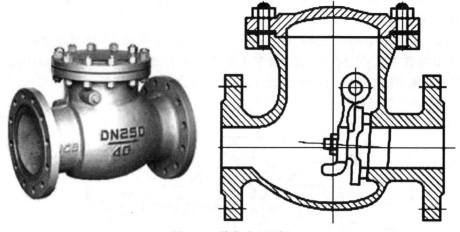

图 3-39　旋启式止回阀

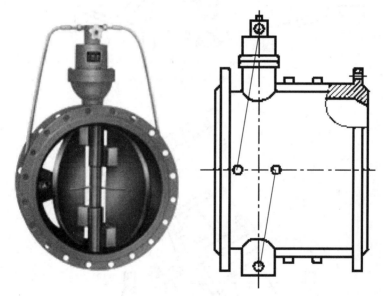

图 3-40　蝶式止回阀

5. 平衡阀

平衡阀:一种功能特殊的阀门,阀门本身无特殊之处,只在于使用功能和场所有所区别,在数据中心制冷系统中,由于介质在管道的各个部分存在较大的压力差或流量差,为了减小或平衡差值,在相应的管道或容器之间安设的阀门。

(1) 静态平衡阀(图 3-41)

通过改变阀芯与阀座的间隙,调整阀门的流通能力来改变流经阀门的流动阻力以达到调节流量的目的。其作用对象是系统的阻力,消除阻力不平衡的现象。从而能将新的水量按照设计计算的比例平均分配,各支路同时按比例增减。

(2) 动态平衡阀(图 3-42)

动态平衡阀分为流量平衡阀和动态压差平衡阀。

①动态流量平衡阀:可以根据系统压差变动而自动变化的阻力系数,在一定的压差范围

内,可以有效地控制通过的流量保持一个常值,压差大时,阀门自动关小保持流量不变,压差小时,阀门自动开大。

②动态压差平衡阀:利用压差作用来调节阀门的开度,利用阀芯的压降变化来弥补管道阻力的变化,从而使工况变化时能保持压差基本不变,它的原理是在一定的流量范围内,可以有效控制被控系统的压差恒定,压差增大时,阀门自动关小,保持系统压差增大,反之,当压差减小时,阀门开大,压差保持恒定。

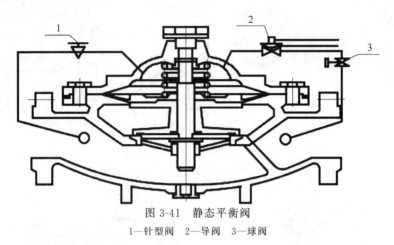

图 3-41　静态平衡阀

1—针型阀　2—导阀　3—球阀

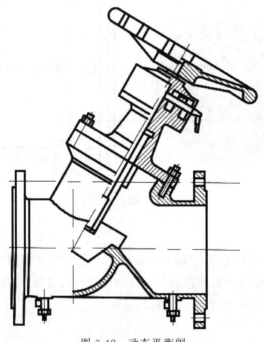

图 3-42　动态平衡阀

6. 三通阀(图 3-43)

三通阀:阀体有三个口(左、右和下),当内部阀芯的角度不同时,其展现的作用也不同,阀芯在下部的时候,左右相通,阀芯在上部的时候,左下相通。

分类:合流阀——两进一出;分流阀——一进两出。

三通阀有两个阀芯和阀座,一个阀芯和阀座流通面积增加时,另一个阀芯阀座的面积相对减少。

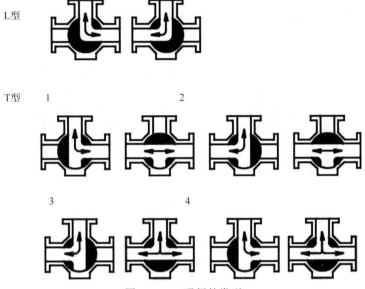

图 3-43　三通阀的类型

7. 排气阀(图 3-44)

排气阀:当系统中有气体溢出时,气体会顺着管道向上爬,最终聚集在系统的最高点,而排气阀一般都安装在系统最高点,当气体进入排气阀阀腔聚集在排气阀的上部,随着阀内气体的增多,压力上升,当气体压力大于系统压力时,气体会使腔内水面下降,浮筒随水位一起下降,打开排气口;气体排尽后,水位上升,浮筒也随之上升,关闭排气口。同样的道理,当系统中产生负压,阀腔中水面下降,排气口打开,由于此时外界大气压力比系统压力大,所以大气会通过排气口进入系统,防止负压的危害。如拧紧排气阀阀体上的阀帽,排气阀停止排气,通常情况下,阀帽应该处于开启状态。排气阀也可以跟隔断阀配套使用,便于排气阀的检修。

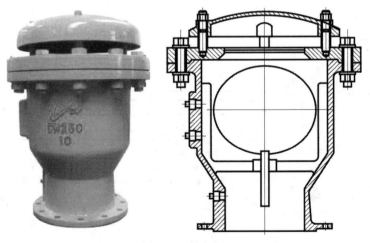

图 3-44　排气阀

8. Y型过滤器（图3-45）

Y型过滤器：是输送介质的管道中不可缺少的一种过滤装置，通常安装在各类阀门的入口端，用来清除介质中的杂质，保护阀门和设备的正常使用，当流体进入置有一定规格的滤筒后，其杂质被阻挡，而清洁的滤液则由过滤器出口排出，当需要清洗时，只要将可拆卸的滤筒取出，处理后重新装入即可。

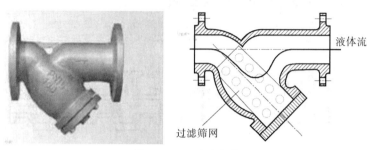

图3-45　Y型过滤器

3.3.16　风机盘管

风机盘管是集中空调系统中广泛应用的空气处理设备。

1. 风机盘管的工作原理

风机盘管是中央空调理想的末端产品，由热交换器、水管、过滤器、风扇、接水盘、排气阀、支架等组成，其工作原理是机组内不断的再循环所在房间或室外的空气，使空气通过冷水盘管后被冷却，以保持房间温度的恒定。

2. 风机盘管空调系统

风机盘管空调系统是借助风机盘管机组不断地循环室内空气，使之通过盘管，从而进行冷却的一个空调系统。

3. 风机盘管的特点

风机盘管具有结构紧凑，使用灵活，安装方便，噪声较低的特点。

4. 附图（图3-46、图3-47）

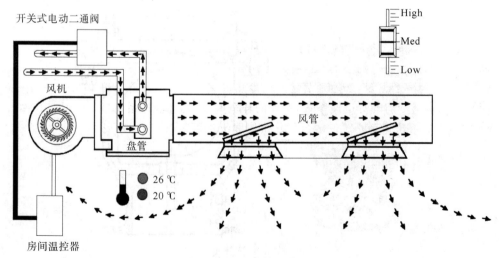

图3-46　风机盘管工作原理

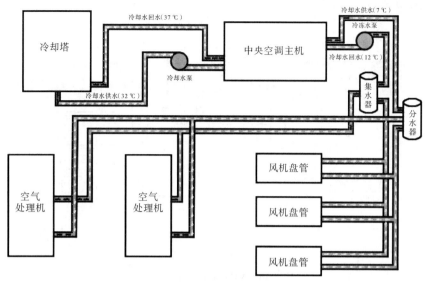

图 3-47　水系统风机盘管位置示意图

3.3.17　VRV 舒适空调和室内室外机

　　VRV 空调系统（Varied Refrigerant Volume，简称 VRV），是一种冷剂式空调系统，它以制冷剂为输送介质，室外主机由室外侧换热器、压缩机和其他制冷附件组成，末端装置是由直接蒸发式换热器和风机组成的室内机。一台室外机通过管路能够向若干个室内机输送制冷剂液体。通过控制压缩机的制冷剂循环量和进入室内各换热器的制冷剂流量，可以适时地满足室内冷、热负荷要求。VRV 系统具有节能、舒适、运转平稳等诸多优点，而且各房间可独立调节，能满足不同房间不同空调负荷的需求。但该系统控制复杂，对管材材质、制造工艺、现场焊接等方面要求非常高，且其初投资比较高。VRV，就是可变流量的意思，它是依赖于机电方面的变频技术而产生的空调系统设计安装方式。

　　1. VRV 多联机的工作原理

　　VRV 空调系统是利用变冷媒流量，但也不只是对冷媒流量的控制。VRV 空调系统一方面是改变压缩机工作状态，而去改变调节制冷剂温度和压力。另一方面是通过室内机和外机处的电子阀门进行调节。VRV 空调系统在对大楼进行工作的时候，它的灵活性特点特别的突出，所以是在办公建筑中得到了非常广泛的运用。VRV 空调系统是通过控制压缩机制冷循环和进室换热器的制冷剂流量，来达到满足室内冷热负荷的高效率制冷系统。VRV 空调系统的原理：控制系统收集室内的舒适性参数，室外的环境参数，表征制冷系统运行状况和状态参数。然后 VRV 空调系统会根据系统的运行优化准则和舒适度，来改变压缩机的输出量，达到空调的最佳工作状态和人体的最佳舒适度。

　　2. VRV 多联机的实际应用

　　VRV 空调系统在应用的时候，根据实际情况也可能采用不同的设计组合方式，比较传统的就是室内机＋室外机＋压缩机＋其他的组合方式。还有一种水源热泵形式的 VRV 空调系统，室内机＋换热器（冷冻水系统）＋压缩机＋其他的组合方式。这两种组合方式最大的区别就在于能量传递的归宿，第一种组合方式是在室外机处与外界环境进行热交换，而第二种组合方式是在主机内部的换热器与冷冻水系统进行热交换，类似于板式换热器结构。

3. 附图（图3-48）

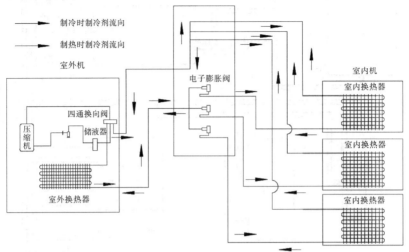

图 3-48　VRV系统工作原理图

3.3.18　冷却系统概况图

冷却系统概况图，如图3-49所示。

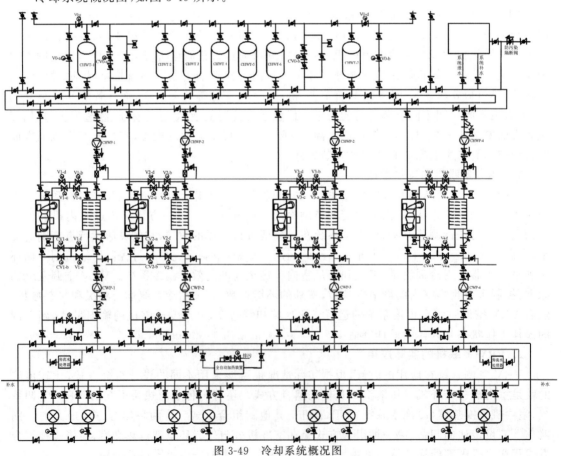

图 3-49　冷却系统概况图

3.4 附 件

3.4.1 暖通专业主要设备功能说明

暖通主要设备的功能说明,如表 3-3 所示。

表 3-3 暖通主要设备的功能说明

设备名称	功能说明
冷水机组	冷水机俗称冷冻机、制冷机、冰水机、冻水机、冷却机等,是一种水冷却设备,能提供恒温、恒流、恒压的冷却水设备
精密空调	是指能够充分满足机房环境条件要求的机房专用精密空调机(也称恒温恒湿空调),是在近 30 年中逐渐发展起来的一个新机种。早期的机房使用舒适性空调机时,常常出现由于环境温湿度参数控制不当而造成机房设备运行不稳定,数据传输受干扰,出现静电等问题
板式换热器	板式换热器是液—液、液—汽进行热交换的理想设备。它是由具有一定波纹形状的一系列金属片叠装而成的一种新型高效换热器。独特的构造让它在众多的各类热交换器中形成了很好的优势
冷却塔	用水作为循环冷却剂,从一系统中吸收热量排放至大气中,以降低水温的装置;其冷是利用水与空气流动接触后进行冷热交换产生蒸汽,蒸汽挥发带走热量达到蒸发散热、对流传热和辐射传热等原理来散去工业上或制冷空调中产生的余热来降低水温的蒸发散热装置,以保证系统的正常运行,装置一般为桶状,故名为冷却塔
冷却水泵	采用立式节段式外加不锈钢壳体结构,使得泵的进出口位于同一水平线上且口径相同,能像阀门一样安装于管路之中,它同时集中了多级泵之高压,立式泵之占地面积小及管道泵之安装方便的优点。具有高效节能,运行平稳等优点,且轴封采用耐磨机械密封,无泄漏使用寿命长
冷冻水泵	冷冻水泵,是一个冷冻水循环系统,一般应用于中央空调等大型制冷设备中。通常冷冻水泵的容量是按最高温度、满住率,并在此基础上留有 10%~20% 的余量设计,水泵系统长期在固定的最大水流量工作,由于季节、昼夜及住房率变化大,实际的热负载在绝大部分时间内远比设计负载低
旁滤设备	中央空调循环水系统运行过程中,尤其是冷却水中会存在大量的悬浮物质: (1) 空气中灰尘杂物的进入; (2) 日常加药处理后会造成部分水垢、锈垢、微生物粘泥的脱落、分散,会造成水质的混浊
蓄冷罐	水蓄冷空调是利用电网的峰谷电价差,夜间采用冷水机组在水池内蓄冷,白天水池放冷而主机避峰运行的节能空调方式
软化水器	全自动软水器是一种运行和再生操作过程全自动控制的离子交换软水器,利用钠型阳离子交换树脂去除水中钙镁离子,降低原水硬度,以达到软化硬水的目的从而避免碳酸盐在管道、容器、锅炉产生结垢现象。大大节省投资成本的同时又能保证生产顺利进行。目前已广泛应用于各种蒸汽锅炉、热水锅炉、热交换器、蒸汽冷凝器、空调、直燃机等设备及系统的循环补给水中
加药装置	加药装置开发生产的一款自动加药产品,主要用于电厂的锅炉给水、循环水、加联氨、磷酸盐等处理,也可用于石油、化工、环保、供水系统等行业。单元组合式加药装置,主要有溶液箱、计量泵、过滤器、安全阀、止回阀、压力表、缓冲罐、液位计、控制柜等组成一体化安装在一个底座上。用户只需将组合式加药装置安放在加药间,将进水口、出药口接好并接通电源即可启动投入运行,这种工厂化的整套装置,可大大减少设计和现场施工的工作量,对整机系统的质量、安全和现场投运提供了可靠的保证
定压补水装置	用于生产、消防、生活系统加压供水,一般称之为囊式自动给水装置。 用于采暖、空调系统中作为稳压膨胀补水设备使用,一般称之为囊式落地式膨胀水箱

3.4.2 暖通专业主要设备运行原理

暖通主要设备的运行原理,如表 3-4 所示。

表 3-4 暖通主要设备的运行原理

设备名称	运行原理
冷水机组	制冷介质(即制冷剂)在蒸发器内吸收被冷却物的热量并气化成蒸汽,压缩机不断地将产生的蒸汽从蒸发器中抽出,并进行压缩,经压缩后的高温、高压蒸汽被送到冷凝器后向冷却介质(如水、空气等)放热冷凝成高压液体,在经节流机构降压后进入蒸发器,再次气化,吸收被冷却物体的热量,如此周而复始地循环。制热时,制冷剂通过四通阀改变制冷剂流动方向,制冷剂流动方向与制冷时刚好相反,制冷剂先经过蒸发器,再回到冷凝器,最后回到压缩机
精密空调	目前,国内大部分数据中心配置的机房专用空调为水冷空调。水冷空调主要由末端空调和冷冻水循环系统组成。末端空调不含传统空调的四大部件(蒸发器、压缩机、冷凝器、膨胀阀),主要由风机、冷冻水盘管、加湿系统、加热系统等组成,其利用不断循环的冷冻水为介质,对热空气进行降温,靠加热系统和加湿系统精确控制温湿度
旁滤设备	旁滤过滤并不是将过滤器安装在总循环管路上,将所有的循环水过滤一遍,而是在总循环管路上引出一部分循环水过滤它是通过逐步多次的循环截留,将系统内的杂质过滤,最后通过必要的反冲将杂质去除出系统。配合加药处理有效地去除系统内的杂质
冷却塔	系将热水喷撒至散热材表面与通过之移动空气相接触。此时,热水与冷空气之间即产生显热之热交换作用,同时部分的热水被蒸发,亦即蒸发水汽中其蒸发潜热被排放至空气中,最后经冷却后的水落入水槽内,利用泵浦将其传送至热交换器中,再予吸收热量
板式换热器	板式换热器是用薄金属板压制成具有一定波纹形状的换热板片,然后叠装,用夹板、螺栓紧固而成的一种换热器。各种板片之间形成薄矩形通道,通过半片进行热量交换。工作流体在两块板片间形成的窄小而曲折的通道中流过。冷热流体依次通过流道,中间有一隔层板片将流体分开,并通过此板片进行换热。板式换热器的结构及换热原理决定了其具有结构紧凑、占地面积小、传热效率高、操作灵活性大、应用范围广、热损失小、安装和清洗方便等特点
冷冻水泵	一般冷冻水设计温度为 5~7 ℃,而事实上在全年绝大部分时间冷冻水的温度仅为 2~4 ℃,即水泵却是全功率运行,增加了管道能量损失,浪费了水泵运行的输送能量。这就存在能量的无效使用,而通过变频调速技术就能实现自动调节流量并显著节能的效果
冷却水泵	冷却水泵适用于高压运行系统中输送清水或物理化学性质的液体,如高层建筑给水、锅炉给水、暖通制冷循环、浴室等冷暖水循环增压及设备配套,消防系统等输送或管道增压之用。不同材质的硬质合金密封,保证了不同介质输送均无泄漏。如采用整体不锈钢材质制造的冷却水泵,适用于化工、食品、酿造、制药、纺织等行业
旁滤设备	旁滤过滤并不是将过滤器安装在总循环管路上,将所有的循环水过滤一遍,而是在总循环管路上引出一部分循环水过滤它是通过逐步多次的循环截留,将系统内的杂质过滤,最后通过必要的反冲将杂质去除出系统。配合加药处理有效地去除系统内的杂质

设备名称	运行原理
软化水器	软水器常用的软水技术有两种,一种是通过离子交换树脂去除水中的钙、镁离子,降低水质硬度;另外一种是纳米晶 TAC 技术,即 Template Asisted Crystallization(模块辅助结晶),利用纳米晶产生的高能量,把水中游离的钙、镁、碳酸氢根离子打包成纳米级的晶体,从而阻止游离离子生成水垢。软水与自来水相比,有极明显的口感和手感,软水含氧量高,硬度低,可有效防止结石病,减轻心、肾负担,有益健康
蓄冷罐	水蓄冷设计须综合考虑影响初投资及运行成本的各种因素,详尽研究系统的电费,峰谷电价结构及设备初投资等因素,以期达到最佳的经济效益,在降低初期投资的同时节约更多的运行电费,转移更多的高峰用电量。进行水蓄冷设计时,须准确分析建筑空调负荷特点,并计算建筑物的逐时负荷,然后根据设计负荷的特点和运行策略来确定系统选型和控制策略,目标是尽可能地减少各种设备的装机容量,并达到满足各工作时段的负荷需求,并保证主机效率,充分利用蓄冷装置的优势,尽量减少系统的能耗。进行系统设计时,须结合系统的运行特点,从系统全局的观点来考虑各设备的匹配和综合效能,在设计建模的过程中,需要在满足建筑空调需求的约束条件下,实现运行费用目标函数最小的目标
加药装置	加药装置通过不同的工艺设计,精确配置各类固体和液体的化学药品的溶液,再用计量泵准确投加,以达到各种设计要求。如除垢、除氧、混凝、加酸、加碱等加药过程可手动操作,也可通过 PC、磁翻板液位计、pH 值计、行程控制器、变频器等各种电器、仪表,使加药装置成为机电一体化产品、实现自动控制。加药装置的加药量及加药压力,可根据工业流程的需要,选取合适的计量泵。流量从 1 L/h 到 8 000 L/h,压力从 0.1~25 MPa 范围内均可选择到合适的产品,计量泵的计量精度可高达±1%,并且可以实现多种介质同时输送,单独调整。按需要将定量的药剂放入搅拌溶液箱内进行搅拌溶解,溶解完毕后再通过计量泵送至投加点的工作过程,加药量的大小可自由任意调节,以满足不同加药量的场所
补水装置	定压补水装置设备采用系统静压作为膨胀水箱内的设计初始压力水头,采用保证系统内热水不气化的压力作为膨胀水罐内动行终端压力水头。初始运行时首先启动补水泵向系统及气压罐内的水室中充水,系统充满后多余的水被挤进胶囊内。因为水的不可压缩性,随着水量的不断增加,水室的体积也不断地扩大而压缩气室,罐内的压力也不断地升高。当压力达到设计压力时,通过压力控制器使补水泵关闭。当系统内的水受热膨胀使系统压力升高超过设计压力时,多余的水通过安全阀排至补水箱循环使用,当系统中的水由于泄露或温度下降而体积缩小,系统压力降低时,胶囊中的水被不断压入管网补充系统的压降损失,当系统压力至设计允许的最低压力时,通过压力控制器使补水泵重新启动向管网及气压罐内补水,如此周而复始

3.4.3 概念补充说明

概念补充说明,如表 3-5 所示。

表 3-5 概念补充说明

名称	解释说明
湿球温度	湿球温度是指同等熔值空气状态下,空气中水蒸气达到饱和时的空气温度,在空气熔湿图上是由空气状态点沿等熔线下降至 100% 相对湿度线上,对应点的干球温度
干球温度	空气的真实温度,可直接用普通温度计测出,称这种真实的温度为干球温度,简称温度

名称			解释说明
冷水机组	冷吨与千瓦间的换算		1 美国冷吨＝3 024 千卡/小时(kcal/h)＝3.517 千瓦(kW) 1 日本冷吨＝3 320 千卡/小时(kcal/h)＝3.861 千瓦(kW)
	COP	概念	COP(Coefficient of Performance),即能量与热量之间的转换比率,简称制热能效比单位 1 的能量,转换为单位 0.5 的热量,即 COP 为 0.5
		计算公式	$\varepsilon s＝Q0/Ne＝Q0/N0 \cdot \eta s＝\varepsilon 0 \cdot \eta s$。 Q0:制冷系统需要的制冷量(制热量) N0:制冷压缩机的理论功率 Ne:轴功率 $\varepsilon 0$:是理论制冷系数(制热系数) ηs:是总效率(绝热效率) COP 值(制冷效率)实际就是热泵系统所能实现的制冷量(制热量)和输入功率的比值,在相同的工况下,其比值越大说明这个热泵系统的效率越高越节能;因此在作制冷系统 COP 值比较之前,首先要确定各个热泵系统是否在相同的工况之下,然后再进行计算比较
		影响因素	①压缩机的性能系数;②热泵机组的系统匹配性;(所谓系统匹配是指:压缩机、冷凝器、蒸发器、节流机构和自控系统的匹配性能)
	冷机必备开启条件		①进水回水管内有流量;②冷却水温度夏季不得超过 32 ℃冬季不得低于 12 ℃;③冷冻水进回水温度控制在 10～16 ℃;④电压不得高于 418 V;⑤检查冷机外部是否漏浮,冷冻液受否泄露
精密空调	控制方法		①风机转速的百分比上限可手动设定(10%～80%),下限由厂家设定为 50%;②回风温度可手动调节,控制回风温度来调节转速;③灵敏度的设定,例如回风温度为 28 ℃灵敏度为 3 时,风机转速则在 25～31 ℃间运行
	进回风口的传感器		各有一个温度传感器
板式换热器	效率算法		①能量效率:指热(冷)量的损失程度。比如壳程向大气的热量损失率为 3%,那么能量效率＝97%;这个效率仅能反映换热器的能量损失大小,并不能全面反映换热器的性能,因为换热器的中心任务是换热。 ②传热效率为 Q/A,即单位面积的传热量,这反映了换热器换热强度,也不能全面反映换热器的性能。 ③能量回收效率。如果是为了回收、利用热量。热流体的温度:T_1,T_2,冷流体的温度 t_1,t_2。逆流时候,(T_1-t_2)、(T_2-t_1),这两个数值越小越好
	结垢程度		根据测量板换一次侧二次侧的温度差来衡量,正常差值一般为 2 ℃,超过 3 ℃一般就要进行清洁
冷却塔	冬季如何防冻		①要保持不循环的地方干燥;②喷淋到塔壁的水珠通过调节风机的暂时关闭来用冷却水的温度将塔壁水珠解冻;③通过提高流速来让管壁的水不会冻结。④间歇性风机反转,频率在 15～30 Hz 之间,不宜频率过大影响电动机的使用寿命。⑤集水盘底部电加热的应用。⑥室外管道电伴热的应用
	下塔水温逼近度		与湿球温度的差值,一般夏季为 8 ℃,冬季为 4 ℃
水泵	控制方法	冷却泵	分为手动和自动模式,通过进水和回水管道的水温差调节频率,例如满负荷时温差为 6 ℃,当回水侧的水温升高到 18 ℃进水侧水温仍为 10 ℃时,通过提高频率来提高流量从而降低回水侧水温使温差仍保持在 6 ℃
		冷冻泵	
	扬程与流量间的关系		$N＝\gamma QH/1\ 000\eta$,γ—液体的重度,单位为 N/m³;η—效率;N—功率,单位为 kW;H—扬程,单位为 m;Q—体积流量,单位为 m³/s
	冷却泵冷冻泵间的关系		冷冻水用来循环冷冻水,冷冻水进入风机盘管,与室内进行热交换,降低室内空气温度,达到制冷目的;冷却水泵用来循环冷却水,冷冻水带走室内热量,通过主机内的冷媒将热量传递给冷却水,冷却水泵将升温后的冷却水压入冷却塔,使之与大气进行热交换,降温后送回主机冷凝器继续热交换

3.4.4 各种口径管道流量计算标准

各种口径管道流量计算标准,如表 3-6 所示。

表 3-6 各种口径管道流量计算标准

口径/mm	流量/(m³·h⁻¹)	口径/mm	流量/(m³·h⁻¹)
15	1.5	150	120
20	2.5	200	250
25	3.5	250	320
32	5	300	450
40	10	400	650
50	15	500	875
65	18	600	1260
80	30	700	1715
100	50		

管道公称直径与外径对照表,如表 3-7 所示。

表 3-7 管道公称直径与外径对照表

DN-公称直径	Φ—外径		DN-公称直径	Φ—外径	
	大外径系列	小外径系列		大外径系列	小外径系列
DN15	Φ22 mm	Φ18 mm	DN150	Φ168 mm	Φ159 mm
DN20	Φ27 mm	Φ25 mm	DN200	Φ219 mm	Φ219 mm
DN25	Φ34 mm	Φ32 mm	DN250	Φ273 mm	Φ273 mm
DN32	Φ42 mm	Φ38 mm	DN300	Φ324 mm	Φ325 mm
DN40	Φ48 mm	Φ45 mm	DN350	Φ360 mm	Φ377 mm
DN50	Φ60 mm	Φ57 mm	DN400	Φ406 mm	Φ426 mm
DN65	Φ76(73) mm	Φ73 mm	DN450	Φ457 mm	Φ480 mm
DN80	Φ89 mm	Φ89 mm	DN500	Φ508 mm	Φ530 mm
DN100	Φ114 mm	Φ108 mm	DN600	Φ610 mm	Φ630 mm
DN125	Φ140 mm	Φ133 mm			

3.4.5 管径、压力、流量对照表

管径、压力、流量对照表,如表 3-8 所示。

表 3-8　管径、压力、流量对照表

管径 (DN)	流量/(m³·h⁻¹)													
	0.04	0.06	0.08	0.1	0.12	0.14	0.16	0.18	0.2	0.22	0.24	0.26	0.28	0.3
20	0.5	0.7	0.9	1.1	1.4	1.6	1.8	2.0	2.3	2.5	2.7	2.9	3.2	3.4
25	0.7	1.1	1.4	1.8	2.1	2.5	2.8	3.2	3.5	3.9	4.2	4.6	4.9	5.3
32	1.2	1.7	2.3	2.9	3.5	4.1	4.6	5.2	5.8	6.4	6.9	7.5	8.1	8.7
40	1.8	2.7	3.6	4.5	5.4	6.3	7.2	8.1	9.0	10.0	10.9	11.8	12.7	13.6
50	2.8	4.2	5.7	7.1	8.5	9.9	11.3	12.7	14.1	15.6	17.0	18.4	19.8	21.2
65	4.8	7.2	9.6	11.9	14.3	16.7	19.1	21.5	23.9	26.3	28.7	31.1	33.4	35.8
80	7.2	10.9	14.5	18.1	21.7	25.3	29.0	32.6	36.2	39.8	43.4	47.0	50.7	54.3
100	11.3	17.0	22.6	28.3	33.9	39.6	45.2	50.9	56.5	62.2	67.9	73.5	79.2	84.8
125	17.7	26.5	35.3	44.2	53.0	61.9	70.7	79.5	88.4	97.2	106.0	114.9	123.7	132.5
200	45.2	67.9	90.5	113.1	135.7	159.3	181.0	203.6	226.2	248.8	271.4	294.1	316.7	339.3
250	70.7	106.0	141.4	176.7	212.1	247.4	282.7	318.1	353.4	388.8	424.1	459.5	494.8	530.1
300	101.8	152.7	203.6	254.5	305.4	356.3	407.1	458.0	508.9	559.8	610.7	661.6	712.5	763.4
350	138.5	207.8	277.1	346.4	415.6	484.9	554.2	623.4	692.7	762.0	831.3	900.5	969.8	1 039.1
400	181.0	271.4	361.9	452.4	542.9	633.3	723.8	814.3	904.8	995.3	1 085.7	1 176.2	1 266.7	1 357.2
450	229.0	343.5	458.0	572.6	687.1	801.6	916.1	1 030.6	1 145.1	1 259.6	1 374.1	1 488.6	1 603.2	1 717.7
500	282.7	424.1	565.5	706.9	848.2	989.6	1 131.0	1 272.3	1 413.7	1 555.1	1 696.5	1 837.8	1 979.2	2 120.6
600	407.1	610.7	814.3	1 017.9	1 221.4	1 425.0	1 628.0	1 832.2	2 035.7	2 239.3	2 442.9	2 646.5	2 850.0	3 053.6

3.4.6　暖通专业各阀门说明

暖通专业各阀门说明,如表 3-9 所示。

表 3-9　暖通专业各阀门说明

阀门类型	工程实际中作用及适用范围	阀门优点	阀门缺点	图示
闸阀	气、水管路做全启或全闭操作,管径大于 50 的适用	密封性能好;安装长度小,无方向性;全启时阻力小;水锤现象小,刚性好	加工较为复杂,密封面磨损不易修复	
截止阀	用于切断介质通路,调节流量和压力。可用于大部分介质流程系统中。已研制出满足石化、电力、冶金、城建、化工等部门各种用途的多种形式的截止阀	制造简单、价格较低、调节性能好;密封面磨损易修复	安装长度大,阻力较大;有方向性,不得装反	

阀门类型	工程实际中作用及适用范围	阀门优点	阀门缺点	图示
节流阀	截流调速;负载阻尼;压力缓冲作用。常用于负载变化不大或对速度控制精度要求不高的定量泵供油节流调速液压系统中,有时也用于变量泵供油的容积节流调速液压系统中	价格低廉、调节方便的优点	无压力补偿措施,流量稳定性较差	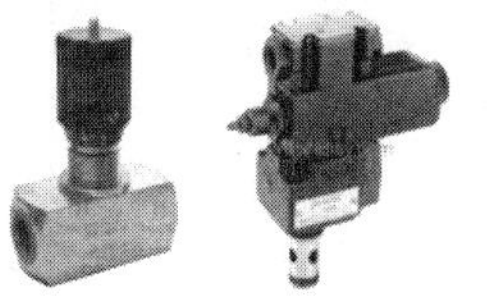
球阀	用于管路的快速切断;适用于低温、高压及黏度较大的介质及要求开关迅速的管道部位	流体阻力小,启闭迅速,结构简单,密封性好	不适用于大管径,高温中不易使用,如管道内有杂质,容易被杂质堵塞,导致阀门无法打开	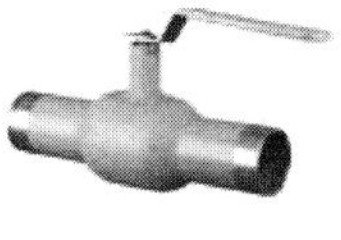
蝶阀	用于低压介质管路或设备上进行全开全闭操作	结构简单,体积小,启闭方便,流体阻力小,密封可靠,调节性好	使用压力及工作温度范围小	
旋塞阀	旋塞阀是用带通孔的塞体作为启闭件的阀门。旋塞阀塞体随阀杆转动,旋塞阀以实现启闭动作。通常只能用于低不高于 1 MPa 和小口径小于 100 mm 的场合	结构简单,旋塞阀开关迅速,旋塞阀流体阻力小	密封性较差,旋塞阀启闭力大,旋塞阀容易磨损	
止回阀	利用本身结构和阀前阀后介质的压力差来自动启闭的阀门。常设在水泵的出口、疏水器的出口管道以及其他不允许流体反向流动的地方	自动启毕、单向通过	不适宜带固体颗粒和黏性较大介质	
安全阀	保护性阀门,用于管道或承压设备上,当介质工作压力超过允许压力数值时,自动向外排放介质,降低压力;当达到允许压力自动关闭,保护低压设备	达到压力自动调节,保护低压侧设备不损坏	不能超过压力允许范围	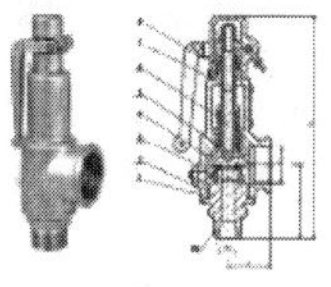
减压阀	用于蒸汽管路,靠开启阀孔的大小对介质进行节流而达到减压的目的	体积小、重量轻、耐温性好、便于调节	制造难度大、灵敏度低。只适用于蒸汽、空气和清洁水等清洁介质,不能超过减压范围	
疏水阀	用于蒸汽管路末端或低处,主要用于自动排除蒸汽管路的凝结水,阻止蒸汽遗漏和排除空气等非凝性气体	阻气排水,自动阀门	不能超过压力限制	
平衡阀	对供热水力系统管路的阻力和压差等参数加以调节和控制,满足管网系统按预定的要求高效运行	对压力、温度、口径等要求的适用范围广	阀板启闭行程大,时间长,密封面容易擦伤对密封性能和使用寿命都有影响,并且不易维修	

3.4.7 暖通专业图纸图例

暖通专业图纸图例介绍，如表3-10所示。

表 3-10 暖通专业图纸图例介绍

序号	名称	图例	序号	名称	图例	序号	名称	图例
1	分体空调	FT	11	电动蝶阀		21	水路软接头	
2	分体空调室外机	FP	12	电磁阀		22	水管变径管	
3	新风处理机组		13	电动两通调节阀		23	压力表	
4	冷冻水精密空调	水-xx	14	电动两通阀		24	温度计	
5	冷冻水回水管	—LH—	15	压差平衡阀		25	止回阀	
6	冷冻水供水管	—LG—	16	自动排气阀		26	水过滤器	
7	冷却水回水管	—QH—	17	法兰连接		27	方形散流器	
8	冷却水供水管	—QG—	18	活动支架		28	单层百叶风口	
9	补水管	—b—	19	金属软管		29	管道风机	
10	冷媒管	—f—	20	水泵		30	变频器	VSD

数据中心弱电系统

4.1 环境动力监控系统

4.1.1 环境动力监控系统在数据机房中的作用

随着社会信息化程度的不断提高,机房计算机系统的数量与日俱增,机房环境设备(如供配电系统、UPS电源、空调、消防系统、保安系统等)必须时时刻刻为计算机系统提供正常的运行环境。因此,对机房环境及动力设备实时监控就显得尤为重要。

4.1.2 环境动力监控系统设计原则

1. 可靠性

按照设计要求,监控系统应具有良好的电磁兼容性和电气隔离性能,无论监控系统工作还是故障均不影响到被监控设备正常运行;监控系统具有自我诊断功能,对通信中断、软硬件故障应能够诊出故障并及时告警;监控系统硬件能在用户给出的基础电源条件下不间断工作;系统平均故障间隔时间 MTBF>20 000 h,监控系统硬件的平均故障间隔时间 MTBF>100 000 h,平均故障修复时间 MTTR<0.5 h。监控模块的机箱采用良好的接地措施,并具有抵抗和消除噪声干扰的能力。

2. 通用性

监控系统的设计符合国际工业监控与开放式设计标准。

3. 稳定性

监控系统某一子系统运行出现异常情况,不影响系统中其他子系统的正常运行。

4. 准确性及高精度

(1) 告警准确率100%;

(2) 主要采集量精度要求:直流电压精度≤0.5%、蓄电池单体电压不大于±5 MV、其他电量优于2%、非电量优于5%。

5. 安全性

硬件系统的设计采用可靠的电气隔离,保证系统的软硬件在任何情况下,均不能够影响被监控对象运行的安全性;软件系统的设计对系统管理和维护人员进行多级权限分类以区分限制各级别用户对系统的访问和操作能力,保证系统操作的安全性;监控系统为用户对系统所做的管理和维护操作进行跟踪记录,为系统日后出现运行事故提供辅助分析功能以追究相关的事故责任。

6. 可维护性

系统进行在线运行状态诊断和监测,能及时发现系统各功能单元故障情况,便于系统故障的维护处理;软件系统的设计采用模块化结构设计和规范化标识保证软件的可维护性要求。

7. 开放性

监控系统网络通信协议符合国际网络协议标准,操作系统选用的是国际通用操作平台,数据库管理系统选用的是通用的大型关系型数据库系统。监控系统能适应移动通信提供的多种传输方式。

8. 扩充性

系统的软硬件设计采用模块化可扩充结构及标准化模块接口,便于系统适应不同规模和功能要求的监控网络系统。

4.1.3 环境动力监控系统功能介绍

1. 系统简介

机房环境动力监控系统主要是对机房设备(如供配电系统、UPS电源、防雷器、空调、消防系统等)的运行状态、温度、湿度、洁净度、地面漏水、供电的电压、电流、频率、配电系统的开关状态、测漏系统等进行实时监控并记录历史数据,实现对机房遥测、遥信、遥控、遥调的管理功能,为机房高效的管理和安全运营提供有力的保证。

2. 系统功能

数据中心监控系统的核心功能按照逻辑关系可划分成四大功能集:监控系统功能、运行管理功能、总控中心功能、系统服务功能(含数据库),如图4-1所示。

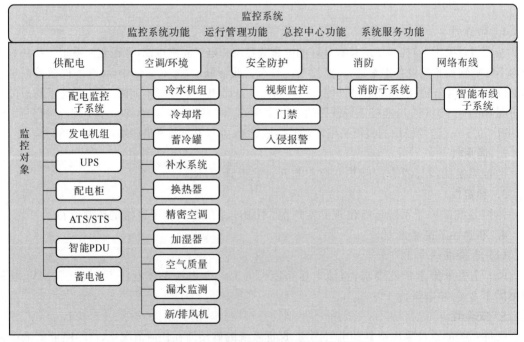

图 4-1　环境动力监控管理系统及各子系统

环境动力监控管理系统各项功能模块汇总,如表 4-1 所示。

表 4-1 环境动力监控管理系统各项功能模块汇总表

总控中心		管理功能	系统功能	监控功能	监控对象
显示	多屏展示	运维管理	日志管理	数据采集功能	供配电类
	2D 3D 展示	资产管理	账号权限管理	数据传输功能	环境空调类
	温度场展示	容量管理	看门狗功能	数据处理功能	安防类
	Web 移动终端	能耗管理	双机热备功能	数据存储功能	消防
	报表报告功能		数据管理	报警阈值调节功能	IT 设施类
	告知告警终端		历史数据查询	联动控制	其他相关类
			历史报警查询	告警管理	
服务台	呼叫子系统				

(1)监控系统功能

数据中心基础设施监控功能主要完成数据采集、分析处理、存储、展示,使用户能实时掌控数据中心的基础设施运行情况。监控系统主要功能包含:数据采集功能、数据传输功能、数据处理功能、数据存储功能、调节与控制功能、系统告警功能。

(2)管理系统功能

数据中心运行管理目标是用较少的运行成本实现数据中心尽可能高的可用性。围绕这一目标,监控管理系统需要配置"运维管理""资产管理""容量管理""能耗管理"等基本管理功能模块构成"运行管理子系统"。运行管理子系统主要从监控子系统与总控中心子系统获得管理所需信息,实现管理功能与目标。

(3)总控中心功能

总控中心是运维管理驱动信息的重要入口,特别是为 IT 用户提供"一站式服务"的窗口。总控中心系统是总控中心必须配置的基础工具,包括服务台(含语音通信),大屏展示(监控管理信息可视化)、报表、告警告知等功能模块,与运维管理系统一起保证数据中心的可用性。

(4)系统服务功能

系统服务主要给监控管理系统各个模块提供公共功能。最主要的公共功能包含:系统日志功能、用户和权限管理功能、系统维护功能、双机热备功能。

3. 系统物理架构

系统物理架构由系统的物理设备、物理设备之间的关系以及它们部署到整个系统上的策略组成。通过将一个整体的软件系统划分为不同的物理层,可以把它部署到不同位置的多台计算机上,从而为远程访问和负载均衡等提供了手段。数据中心监控系统物理架构如图 4-2 所示。

(1)智能接口和传感器

大部分被监控设备都有智能接口,用来与上层采集设备进行数据交换。常见的智能接口有 RS232、RS422/485,也有基于以太网的 SNMP 智能接口。监控管理系统不仅需要对设备进行监控管理,同时需要对设备运行的基础物理环境进行监控管理,因此还需要补充一些传感器,才能对数据中心进行全方位监控。常见的传感器设备有:温湿度、烟感、红外、漏水和 I/O 干接点等。

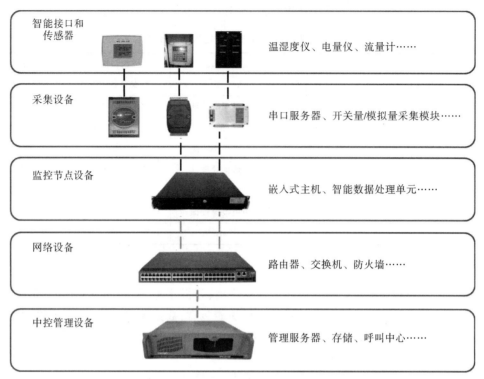

图 4-2　数据中心监控系统物理架构

（2）采集设备

采集设备主要完成从智能接口或传感器到监控节点设备的信号转换和数据交换协议的匹配。采集设备从功能上分一般有两类，一类主要完成信号透传，RS232 和 RS422/RS485 接口的串口数据流转换成基于 TCP/IP 的以太网数据，常见的该类设备有串口服务器；另一类不仅完成信号透传，还可以进行协议适配，将种类繁多的各个设备厂商的协议转换成统一的标准协议，常见的该类设备有智能数据采集单元。

（3）监控节点设备

监控服务设备将采集设备采集到的数据进行汇聚、加工、运算、存储等处理。监控服务设备可以独立完成监控管理系统中的简单监控功能。常见的监控服务设备有嵌入式服务器、工控机服务器、智能数据处理单元等。

（4）网络设备

网络传输设备包含网络传输链路及数据传输设备。网络传输链路是网络中发送方与接收方之间的物理通路，它的性能对网络数据通信具有一定的影响。常用的传输链路介质有：双绞线、同轴电缆、光纤、无线传输媒介。数据传输设备集线器、交换机、路由器等，还有一些特殊应用的如进行网络过滤的网络防火墙，进行集群系统负载均衡的负载均衡器等。

（5）中控管理设备

中控管理设备是整个监控管理系统的核心，所有监控系统和管理系统均运行在该平台上。中控管理设备一般包含数据处理设备、存储设备以及作为人机交互用的展示界面。此外，为达到监控信息输出的目的，中控端还可接入警灯/警号、电话/短信模块、音箱等设备。

4.1.4 环境动力监控各子系统介绍

1. 机房环境温湿度监测子系统

对于机房内的电子设备,其正常运行对环境温湿度有比较高的要求,计算机机房环境条件的好坏,对充分发挥计算机系统的性能,延长机器使用寿命、确保数据安全性以及准确性是非常重要的问题。

根据 GB 50174—2008《电子信息系统机房设计规范》对机房内温度湿度做出了具体的规定。开机时电子计算机机房的温、湿度应符合表 4-2 的规定。

表 4-2 开机时电子计算机机房的温、湿度的规定

项目级别	A 级		B 级
	夏季	冬季	全年
温度	23±2 ℃	20±2 ℃	18～28 ℃
相对湿度	45%～65%		45%～65%
湿度变化	<5 ℃/h 并不得结露		<10 ℃/h 并不得结露

停机时电子计算机机房的温、湿度应符合表 4-3 的规定。

表 4-3 停机时电子计算机机房的温、湿度的规定

项目级别	A 级	B 级
温度	5～35 ℃	5～35 ℃
相对湿度	40%～70%	40%～70%
湿度变化	<5 ℃/h 并不得结露	<10 ℃/h 并不得结露

系统会根据提前预设的阈值进行监测,一旦机房内实际温、湿度值越限,系统会自动报警,并且按照预设的报警方式,自动通报管理员。此时应通过调节空调温、湿度值给机房设备提供最佳运行环境。

目前使用率最高、测量范围最广的温湿度传感器为网络型,通过 RS485 的输出方式将监测信号实时传送到中控端,中控端系统通过数据处理及分析后实现实时监测及报警功能。

2. 机柜微环境监测子系统

微环境监测系统可以更好地管理数据中心机柜内部的运行环境,避免局部过热现象,使管理员可以及时调整机柜内设备的安装密度。该系统的温度探头为模块化装置,可以吸附在机柜的前门和后门内侧的上下端,用来监测机柜上下部分的送风温度和回风温度,了解温升状况,并将采集数据通过网络上传,以便管理人员可以实时对机柜内部运行环境进行监测。

目前主流的微环境探测器按照输出形式可分为两种:电流输出、TTL 电平输出。电流输出的测量范围0～100 ℃,TTL 电平输出的测量范围-30～120 ℃。

图 4-3 网络型温湿度传感器

电流输出探测器　　　　　TTL电平输出探测器　　　　　TTL电平输出探测器

图 4-4　微环境探测器

3. 机房漏水监测子系统

机房漏水监测系统又称(漏水报警系统和漏液监测系统)它主要职责是保护计算机机房、数据中心、电脑室、配电室、档案室、博物馆等重要资料和服务器设备的安全,一旦出现漏液和漏水事故,监测系统会通过声光报警和短信等方式告知值班人员早期发现漏水或漏水事故及时处理。

漏水监控系统包括:漏水感应绳(图 4-5)、漏水定位控制器(图 4-6)引出线等;漏水感应绳采用耐腐蚀,强度高的感应绳,它由 4 根不同类型导线组成。在无泄漏时,其中两根导线间电流为正常,当感应线被泄漏液体浸泡,则两根导电聚合物之间被短接,并使所测电流值发生变化,控制器根据欧姆定律,电阻与长度有关,通过测算,就能得到发生故障泄漏点的位置。

 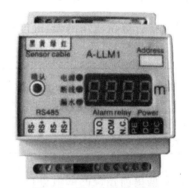

图 4-5　漏水感应绳　　　　　　　　　图 4-6　漏水定位控制器

4. 精密空调监测子系统

精密空调监测系统主要对机房精密空调各部件的运行状态和运行参数进行监控。系统可实时、全面诊断空调运行状况,监控空调各部件(如压缩机、风机、加热器、加湿器、除湿器、滤网等)的运行状态和参数,并可在系统上通过软件或通过网络远程修改空调设置参数(温度、湿度、温度上下限、湿度上下限等),实现空调的远程开关机。系统一旦监测到有报警或参数越限,将会出现报警提示,运维管理人员可根据提示进行故障排查。

5. 精密配电柜监测子系统

精密配电柜监测系统主要对机房 IT 设备的用电负荷情况进行监控。系统可实时监测配电柜的主路和支路电压、电流、功率、支路开关状态等,并可远程对设置参数进行修改(主路/支路电压上下限、主路/支路电流上下限等)。系统一旦监测到有报警或参数越限,将会出现报警提示,运维管理人员可根据提示进行故障排查。

6. UPS 监测子系统

UPS 监控系统对主要对数据中心 UPS 的设备运行状态及参数等进行实时监控和告警。系统可实时对 UPS 内部整流器、逆变器、电池、旁路、负载等各部件的运行状态进行监测,还可对 UPS 的各种电压、电流、频率、功率等参数进行监测,另外还具有远程开/关 UPS,联动开/关 UPS 等控制功能。

7. 蓄电池监测子系统

蓄电池在线监测系统主要用于通信机房及 UPS 电源的蓄电池状态监测及分析,是以电池内阻、端电压及充放电电流为主要监测参数,对电池性能状态进行监测的电池故障在线监测系统。一旦发现性能严重劣化,故障电池立即报警,为电池"精细"维护提供依据。蓄电池监测系统应具备以下功能。

(1)定时内阻检测功能

系统可设定电池内阻的自动定时检测,一般情况 30 天/次。同时也可在服务器上对整组电池或单个电池的内阻进行检测。在测试内阻的同时,电池电压值也可同时测量。

(2)电压实时同步监测功能

系统可对电池组电压、电流、正负极温度、单体电池电压等参数进行实时监测。

(3)充放电容量测试功能

当电池组进行放电或充电时,电池监测仪自动进行容量测试。可测试各电池和电池组的放电容量和充电容量。同时在远程观察充电和放电过程。可以配合每年的核突放电,全过程监测放电时电池组电压和放电电流以及各电池的电压变化。

电池组管理模块如图 4-7 所示。单体电池监测模块如图 4-8 所示。

图 4-7　电池组管理模块

8. 电量仪监测子系统

主机房内的供电电源的质量的好坏将直接影响机房设备的安全,因此对机房市电进线的供电参数实行监测就非常重要。电量仪监测系统可监测三相相电压、相电流、线电压、线电流、有功、无功、视在功率、频率、功率因数、电度等参数。当电源参数超过机房设备的安全电源要求时,系统即可提供及时的报警以便管理员及时地采取措施。对于重要的参数,可作曲线记录,系统管理员和操作员可以通过历史曲线图查看每天的电压、频率、有功、无功的最大值、最小值、当前值及电压、电流峰值。

图 4-8　单体电池监测模块

9. 进线开关监测子系统

进线开关监测系统监视机房配电柜内的开关状态(进线柜、母联柜、出线柜及其他配电柜开关的通断状态)。对于机房的重要配电开关,监视开关是否跳闸或断电等状态非常必要,一旦开关跳闸断电,计算机系统立即停止工作,将造成整个系统崩溃,如不尽快处理造成的损失将无法估计。当开关跳闸或断电时,系统将会自动出现报警提示,运维管理人员可根据提示进行故障排查。开关状态监测系统示意图,如图 4-9 所示。

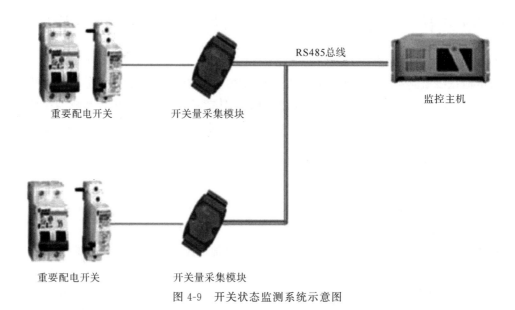

图 4-9　开关状态监测系统示意图

10．能耗监测子系统

能耗监测系统对水、电、气等能耗进行分类分项计量，水、电、气等表具数据通过 485 屏蔽双绞线传输至能耗数据采集器，采集器对采集到的数据进行初步分析、筛选、统计归类后把系统所需数据通过主干通信网络上传至中心平台，平台通过对数据的分析、计算、诊断实现建筑能耗的数据管理。

由于现代电子信息系统机房中的空调负荷主要来自计算机主机设备、外部辅助设备的发热量，其中服务器、存储、网络等主设备占到设备散热量的 80%。所以随着服务器集成密度的持续增高，服务器机柜设备区就成为机房内主要的热岛区域。能耗监测系统不仅能监测出机房整体能耗情况，还能监测机房内用电设备及用电区域的能耗，将数据提供给用户，为用户的管理及降耗提供依据。

4.2　楼宇自动化控制系统(BAS)

4.2.1　楼宇自控系统的作用

楼宇自动化控制系统(BAS)实现建筑物(群)内的各种机电设备的自动控制，包括供暖、通风、空气调节、给排水、供配电、照明、电梯、消防、保安、车库管理等。是通过信息网络组成分散控制、集中监视与管理的监控管理一体化系统。实时监测、显示设备运行参数；监视、控制设备运行状态；根据外界条件、环境因素、负载变化情况自动调节各种设备，使其始终运行于最佳状态；自动实现对电力、供热、供水等能源的调节与管理；提供一个安全、舒适、高效而且节能的工作环境。

4.2.2 楼宇自控系统的设计原则

1. 可靠性

系统必须具备在规定条件下和规定的时间内长期稳定运行,且能保证所有功能正常实现的能力。

2. 实用性

系统应采用通过多项工程实践检验的成熟技术,展现现代化水准。系统应符合国家标准或者相应的国际标准、规范,符合人体工程学原理,并且符合建筑的业务流程和使用环境,达到易于维护,操作简便的目的。

3. 先进性

系统是满足可靠性和实用性前提下最先进的系统。适应时代发展的特点,采用国际或国内符合技术发展趋势的先进技术,特别是符合计算机和网络通信技术最新潮流。

4. 可扩展性

为便于分步实施,也有利于长远发展,为将来系统的扩展留有充分的空间,以适应未来发展的需要。所有的软硬件均为以后系统扩展预留接口,同时保证接口开放性和协议一致性。

5. 经济性

系统在设计时要综合考虑建设投资与长期运营费用间的关系,满足性能价格比在各类系统和条件下达到最优,以保证整个项目的经济性,获得系统的全面使用价值(TBO)与总拥有成本(TCO)的高性价比。

6. 易用性

系统应采用中文菜单和图形化界面,今后运行操作管理非常方便。从管理界面上讲,系统应提供类似 Windows 图形化界面的管理工具,可以方便地对系统进行设置、管理、编程等高级操作;从用户界面上讲,提供图形化的动态界面方便用户查看实时信息,提供清晰的动态报警列表方便用户快速浏览当前所有报警,提供各种自定义报表功能,方便用户查看、打印等。

4.3 楼宇自控系统功能介绍

4.3.1 系统简介

用计算机程序控制、自动化仪表和网络通信技术对建筑物或建筑群内的机电设备,如:变配电、照明、电梯、空调、供热、给排水、消防、保安等众多分散设备的运行参数、安全状况、能源使用状况及节能管理实行自动检测、集中监视、优化管理和分散控制的建筑物管理与控制系统称为楼宇自控系统(BAS)。

4.3.2 系统功能

楼宇自控系统通常包括暖通空调、给排水、供配电、照明、电梯、消防、等安全防范等子系统。根据中国行业标准,BAS 又可分为设备运行管理与监控子系统和消防与安全防范子系统。一般情况下,这两个子系统一同纳入 BAS 考虑,如将消防与安全防范子系统独立设置,也应与 BAS 监控中心建立通信联系以便灾情发生时,能够按照约定实现操作权转移,进行一体化的协调控制。

建筑设备自动化系统的基本功能可以归纳如下:

(1) 自动监视并控制各种机电设备的起、停,显示或打印当前运转状态。

(2) 自动检测、显示、打印各种机电设备的运行参数及其变化趋势或历史数据。

(3) 根据外界条件、环境因素、负载变化情况自动调节各种设备,使之始终运行于最佳状态。

(4) 监测并及时处理各种意外、突发事件。

(5) 实现对大楼内各种机电设备的统一管理、协调控制。

(6) 能源管理:水、电、气等的计量收费、实现能源管理自动化。

(7) 设备管理:包括设备档案、设备运行报表和设备维修管理等。

4.3.3 系统组成部分

楼宇自控系统(BAS)按照物理分布划分,是由中央控制端、直接数字控制器、传感器及执行机构三部分组成。

1. 中央控制端

包括中央管理计算机(工业级控制计算机、存储器和接口装置)、外围设备(显示终端、键盘、打印机)和不间断电源三部分。

2. 直接数字控制器

是以微处理机为基础的可编程直接数字控制器(DDC),它接收传感器输出的信号,进行数字运算,逻辑分析判断处理后自动输出控制信号⊖动作执行调节机构。

3. 传感器及执行调节机构

传感器是指装设在各监视现场和各种敏感元件、变送器、触点和限位开关,用来检测现场设备的各种参数(如温度、湿度、压差、液位等),并发出信号送到控制器(分站、数据中心等),如温度检测器、湿度检测器、风道静压变送器、差压变送器;执行调节机构是指装设在各监控现场接受分站调节控制器的输出指令信号,并调节控制现场运行设备的机构,如电动阀、电磁阀、调节阀等,包括执行机构(如电动阀上的电动机)和调节机构(电动阀的阀门)。

4.3.4 系统物理架构

楼宇自控系统是由中央管理站、各种现场数字控制器及各类传感器、执行机构组成的,能够完成多种控制及管理功能的网络系统。该系统是随着计算机在环境控制中的应用而发展起来的智能化控制管理网络。目前,系统中的各个组成部分已从过去非标准化的设计生产,发展成标准化、专业化的产品,从而使系统的设计安装及扩展更加方便、灵活,系统运行更加可靠,系统的投资大大降低。目前主流的系统架构为分布式集散控制方式的两层网络结构,整体结构如图 4-10 所示。

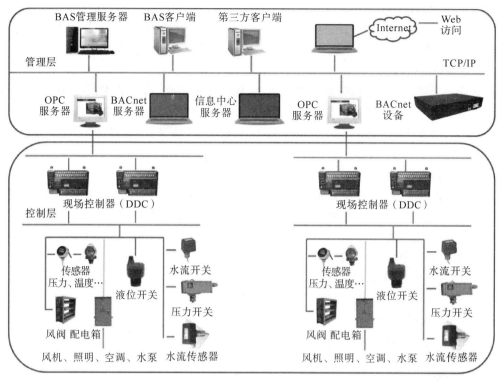

图 4-10　系统物理架构

管理层建立在以太网络上,控制层则采用 BACNET 总线技术,两个层面均可以自由拓扑,灵活的结构为系统的实施和维护带来了极大的便利。管理层网络以综合布线为物理链路,通过标准的 TCP/IP 通信协议实现高速数据传输,主要设备包括:楼宇自控服务器、管理工作站、现场便携终端等设备,系统基于浏览器/服务器(BROWSER/SERVER)结构。

控制层网络采用开放的标准化现场总线 BACNET,将直接数字控制器(DDC)以及专业计量仪表、执行机构等现场设备连接在一起。同时系统还支持自由拓扑,易于在网络中增加或减少设备,为组网实施与日后系统升级改造提供了极大的便利。

在系统的两层架构中,无论是管理层还是控制层,均具有同层资源共享功能。在系统主机发生故障时,所有网络控制设备均保持通信和数据交换。倘若网络控制设备掉线,其控制网络的所有直接数字控制器(DDC)之间也能保持点对点无主从的方式进行直接通信,从而保障系统不间断的可靠运行。

4.3.5　传感器与执行器

1. 传感器的基本概述

传感器实际上是由传感器和变送器两部分组成,是实现测量与自动控制的重要环节。在测量系统中,被作为一次仪表定位,其主要特征是能准确传递和检测出某一形态的信息,并将其转换成另一形态的信息。

传感器:是指能感受规定的被测量并按照一定的规律转换成可用信号的器件或装置,通常由敏感元件和转换元件组成。

变送器：是指将由传感器输出的电信号经过校验和处理变换成标准的（电流、电压）电信号。目前，传感器、变送器的发展是朝着小型化、多功能化、智能化发展。随着计算机技术的发展，现代的传感器加强了计算机接口技术，可以直接连接在工业控制总线上。

（1）开关量传感器

开关量传感器主要是应用于数字量控制，它是由传感接收、信号处理、驱动输出等三个部分组成。形状有圆形、方形、槽形等，输出形式为电流或无源的继电器接点。开关量传感器包括：温度开关、湿度开关、差压开关、液位开关、水流开关、气体开关、流量开关、光照度开关、低温报警开关等。

（2）模拟量传感器

模拟量传感器主要是应用于自动控制系统中，它将现场采集到的物理信号转换成电信号，并利用变送器进行信号的校正和标准化。模拟量传感器包括：温度传感器、湿度传感器、压力或压差传感器、流量传感器、焓值传感器、电压传感器、电流传感器、功率传感器、功率因数传感器等。

2. 楼宇自动化中应用的传感器

（1）温/湿度开关（图 4-11）

主要用于风机盘管的控制。

（2）差压开关（图 4-12）

主要用于气体、液体压差的控制和调节。

图 4-11　温/湿度开关

图 4-12　差压开关

（3）气体流量开关（图 4-13）

主要用于检测气体的流量及气流的通断状态，以保证系统的正常工作。

（4）水流开关（图 4-14）

主要用于检测空调、供暖、供水等系统的液体流量状态。它具有很高的可靠性，当液体流动和不流动时，会分别连接两个不同的回路。在制冷站和供热站系统中要用流量开关来保护冷冻机和各个系统的水泵。

图 4-13　气体流量开关

图 4-14　水流开关

（5）液位开关（图 4-15、图 4-16）

主要用来检测容器内的液位,常用的有浮球开关和可调型导电式液位探头等。浮球开关在其内部有一对常开和常闭触点,当浮球没有飘起来时,开关内的金属球在一端,此时输出一个常开、常闭的接点信号,当浮球被水托起来时,金属球滑到另一端,此时另一端的常开接点接通。常开、常闭的接点信号相互翻转。可调型导电式液位探头是采用单根或数根导电极,通过调节各个导电极的不同位置来测量液体的不同液面高度,它适合用在导电的液体中。

图 4-15　浮球液位开关

图 4-16　导电式液位开关

（6）低温报警器（图 4-17）

主要用于操作电动风阀、阀门、压缩机或电扇电动机以提供空调系统和制冷单元的低温报警及限位控制。在空气处理机或新风机中可做防霜冻低温报警。

（7）温/湿度传感器（图 4-18）

能感应温/湿度（环境温度、液体温度、环境湿度等）并转换成可用输出信号。传感器的电阻与温/湿度量程相对应,测量电阻即可计算出温/湿度。

图 4-17　低温报警器

图 4-18　温/湿度传感器

（8）电阻远程压力表（图 4-19）

适用于测量对钢及铜合金不起腐蚀作用的液体、蒸汽和气体等介质的压力。

（9）压力、压差传感器（图 4-20）

用来测量空气、液体的压力及压差等。被测压力或压差经过变送器作用于硅传感器,使桥路的输出电压与被测压力或压差成比例变化。输出电压被放大后转换成频率信号,频率信号经过处理并进行线性化、温度补偿后,被 D/A 转换器转换成标准 4～20 mA 输出。

图 4-19　电阻远程压力表　　　　　　　图 4-20　压力、压差传感器

4.3.6　阀门与电动执行器

在气体和液体的流动控制中,常常用阀门来作为介质流动的控制手段。要想实现自动化控制,就得对一些阀门、风门等元件实现自动控制。这就需要用到阀门和电动执行器。

1. 阀门(图 4-21)

阀门是用来开闭管路、控制流向、调节和控制输送介质的参数(温度、压力和流量)的管路附件。根据其功能,可分为关断阀、止回阀、调节阀等。阀门是流体输送系统中的控制部件,具有截止、调节、导流、防止逆流、稳压、分流或溢流泄压等功能。用于流体控制系统的阀门,从最简单的截止阀到极为复杂的自控系统中所用的各种阀门,其品种和规格相当繁多。阀门可用于控制空气、水、蒸汽、各种腐蚀性介质、泥浆、油品、液态金属和放射性介质等各种类型流体的流动。阀门根据材质还分为铸铁阀门、铸钢阀门、不锈钢阀门(201、304、316 等)、铬钼钢阀门、铬钼钒钢阀门、双相钢阀门、塑料阀门、非标订制阀门等。

图 4-21　常用阀门

2. 电动执行器(图 4-22)

基本的执行机构用于把阀门驱动至全开或全关的位置。用于控制阀的执行机构能够精确的使阀门走到任何位置。尽管大部分执行机构都是用于开关阀门,但是如今的执行机构的设

计远远超出了简单的开关功能,它们包含了位置感应装置、力矩感应装置、电极保护装置、逻辑控制装置、数字通信模块及 PID 控制模块等,而这些装置全部安装在一个紧凑的外壳内。

图 4-22 电动执行器

4.3.7　直接数字控制器(DDC)

1. 概述

DDC(Direct Digital Control)直接数字控制,通常称为 DDC 控制器。DDC 系统的组成通常包括中央控制设备(集中控制计算机、彩色监视器、键盘、打印机、不间断电源、通信接口等)、现场 DDC 控制器、通信网络,以及相应的传感器、执行器、调节阀等元器件。

DDC 代替了传统控制组件,如温度开关、接收控制器或其他电子机械组件及优于 PLC 等,特别成为各种建筑环境控制的通用模式。DDC 系统是利用微信号处理器来做执行各种逻辑控制功能,它主要采用电子驱动,但也可用传感器连接气动机构。DDC 系统的最大特点就是从参数的采集、传输到控制等各个环节均采用数字控制功能来实现。同时一个数字控制器可实现多个常规仪表控制器的功能,可有多个不同对象的控制环路。DDC 控制器如图 4-23 所示。

图 4-23　DDC 控制器

2. 工作原理

所有的控制逻辑均由微信号处理器,并以各控制器为基础完成。这些控制器接收传感器,常用触点或其他仪器传送来的输入信号,并根据软件程序处理这些信号,再输出信号到外部设备。这些信号可用于启动或关闭机器,打开或关闭阀门或风门,或按程序执行复杂的动作。这些控制器可用手操作中央机器系统或终端系统。

DDC 控制器是整个控制系统的核心,是系统实现控制功能的关键部件。它的工作过程是控制器通过模拟量输入通道(AI)和数字量输入通道(DI)采集实时数据,并将模拟量信号转变成计算机可接受的数字信号(A/D转换),然后按照一定的控制规律进行运算,最后发出控制信号,并将数字量信号转变成模拟量信号(D/A转换),并通过模拟量输出通道(AO)和数字量输出通道(DO)直接控制设备的运行。

3. 功能介绍

DDC控制器的软件通常包括基础软件、自检软件和应用软件三大块。其中基础软件是作为固定程序固化在模块中的通用软件,通常由DDC生产厂家直接写在微处理芯片上,不需要也不可能由其他人员进行修改。各个厂家的基础软件基本上是没有多少差别的。设置自检软件是保证DDC控制器的正常运行,检测其运行故障,同时也可便于管理人员维修。应用软件是针对各个可调设备的控制内容而编写的,因此这部分软件可根据管理人员的需要进行一定程度的修改。它通常包括以下几个主要功能。

(1) 控制功能:提供模拟P、PI、PID的控制特性,有的还具备自动适应控制的功能。

(2) 实时功能:使计算机内的时间永远与实际标准时间一致。

(3) 管理功能:可对各个可调设备的控制参数以及运行状态进行再设定,同时还具备显示和监测功能,另外与集中控制计算机可进行各种相关的通信。

(4) 报警联锁:在接到报警信号后可根据已设置程序联锁有关设备的启停,同时向集中控制计算机发警报。

(5) 能量管理:它包括运行控制(自动或编程设定可调设备在工作日和节假日的启停时间和运行台数)、能耗记录(记录瞬时和累积能耗以及可调设备的运行时间)、焓值控制(比较室内外空气焓值来控制新回风比和进行工况转换)。

4.4 综合布线系统

所谓综合布线系统是指按标准的、统一的和简单的结构化方式编制和布置各种建筑物(或建筑群)内各种系统的通信线路,包括网络系统、电话系统、监控系统、电源系统和照明系统等。因此,综合布线系统是一种标准通用的信息传输系统。

综合布线系统是数据中心智能化办公室建设数字化信息系统基础设施,是将所有语音、数据等系统进行统一的规划设计的结构化布线系统,为办公提供信息化、智能化的物质介质,支持将来语音、数据、图文、多媒体等综合应用。

4.4.1 系统主要特点

综合布线同传统的布线相比较,有着许多优越性,是传统布线所无法相比的。其特点主要表现在它具有兼容性、开放性、灵活性、可靠性、先进性和经济性。而且在设计、施工和维护方面也给人们带来了许多方便。

1. 兼容性

综合布线的首要特点是它的兼容性。所谓兼容性是指它自身是完全独立的而与应用系统相对无关,可以适用于多种应用系统。过去,为一幢大楼或一个建筑群内的语音或数据线路布线时,往往是采用不同厂家生产的电缆线、配线插座以及接头等。例如用户交换机通常采用双绞线,计算机系统通常采用粗同轴电缆或细同轴电缆。这些不同的设备使用不同的配线材料,而连接这些不同配线的插头、插座及端子板也各不相同,彼此互不相容。一旦需要改变终端机或电话机位置时,就必须敷设新的线缆,以及安装新的插座和接头。

综合布线将语音、数据与监控设备的信号线经过统一的规划和设计,采用相同的传输媒体、信息插座、交连设备、适配器等,把这些不同信号综合到一套标准的布线中。由此可见,这种布线比传统布线大为简化,可节约大量的物资、时间和空间。

在使用时,用户可不用定义某个工作区的信息插座的具体应用,只把某种终端设备(如个人计算机、电话、视频设备等)插入这个信息插座,然后在管理间和设备间的交接设备上做相应的接线操作,这个终端设备就被接入到各自的系统中了。

2. 开放性

对于传统的布线方式,只要用户选定了某种设备,也就选定了与之相适应的布线方式和传输媒体。如果更换另一设备,那么原来的布线就要全部更换。对于一个已经完工的建筑物,这种变化是十分困难的,要增加很多投资。

综合布线由于采用开放式体系结构,符合多种国际上现行的标准,因此它几乎对所有著名厂商的产品都是开放的,如计算机设备、交换机设备等;并对所有通信协议也是支持的,如 IS-DN、100BASE-T、1000BASE-T、10GBASE-T 等。

3. 灵活性

传统的布线方式是封闭的,其体系结构是固定的,若要迁移设备或增加设备是相当困难而麻烦的,甚至是不可能的。

综合布线采用标准的传输线缆和相关连接硬件,模块化设计。因此所有通道都是通用的。每条通道可支持终端、以太网工作站及令牌环网工作站。所有设备的开通及更改均不需要改变布线,只需增减相应的应用设备以及在配线架上进行必要的跳线管理即可。另外,组网也可灵活多样,甚至在同一房间内可有多用户终端,以太网工作站、令牌环网工作站并存,为用户组织信息流提供了必要条件。

4. 可靠性

传统的布线方式由于各个应用系统互不兼容,因而在一个建筑物中往往要有多种布线方案。因此建筑系统的可靠性要由所选用的布线可靠性来保证,当各应用系统布线不当时,还会造成交叉干扰。

综合布线采用高品质的材料和组合压接的方式构成一套高标准的信息传输通道。所有线槽和相关连接件均通过 ISO 认证,每条通道都要采用专用仪器测试链路阻抗及衰减率,以保证其电气性能。应用系统布线全部采用点到点端接,任何一条链路故障均不影响其他链路的运行,这就为链路的运行维护及故障检修提供了方便,从而保障了应用系统的可靠运行。各应用系统往往采用相同的传输媒体,因而可互为备用,提高了备用冗余。

5. 先进性

综合布线,采用光纤与双绞线混合布线方式,极为合理地构成一套完整的布线。所有布线均采用世界上最新通信标准,链路均按八芯双绞线配置。超 5 类双绞线带宽可达 100 MHz,6 类双绞线带宽可达 250 MHz,超 6 类双绞线带宽能达 500 MHz。对于特殊用户的需求可把光纤引到桌面(Fiber To The Desk)。语音干线部分用铜缆,数据干线部分用光缆,为同时传输多路实时多媒体信息提供足够的带宽容量。

6. 经济性

综合布线比传统布线具有经济性优点,主要综合布线可适应相当长时间需求,传统布线改造很费时间,耽误工作造成的损失更是无法用金钱计算。

通过上面的讨论可知,综合布线较好地解决了传统布线方法存在的许多问题,随着科学技术的迅猛发展,人们对信息资源共享的要求越来越迫切,尤其以电话业务为主的通信网逐渐向综合业务数字网(ISDN)和 VOIP 等技术过渡,越来越重视能够同时提供语音、数据和视频传输的集成通信网。因此,综合布线取代单一、昂贵、复杂的传统布线,是"信息时代"的要求,是历史发展的必然趋势。随着无线网以及物联网的迅速发展,未来综合布线系统除了要满足语音以及数据传输的相关需求外,还应兼顾无线网的高速接入要求,如 802.11ac 对接入速率已超过 1 000 Mbit/s,选择合适的综合布线产品至关重要。

用户的网络系统必须具有一定的容错能力,保障在意外情况下不中断用户的正常工作。选用的技术和设备是成熟的、标准化的。在条件允许的前提下,主干网和各种设备应有冗余备份,机房设计要有不间断电源。

4.4.2　系统组成

综合布线系统的基本结构是星形的,根据 GB50311 标准,综合布线系统可划分成七个子系统:工作区子系统、配线(水平)子系统、干线(垂直)子系统、建筑群子系统、设备间子系统、进线间子系统和管理子系统。

1. 工作区子系统

一个独立的需要设置终端设备(TE)的区域可划分为一个工作区。工作区应由配线子系统的信息插座模块(TO)延伸到终端设备处的连接缆线及适配器组成。

2. 配线(水平)子系统

配线子系统应由工作区的信息插座模块、信息插座模块至电信间配线设备(FD)的配线电缆和光缆、电信间的配线设备及设备缆线和跳线组成。

3. 干线(垂直)子系统

干线子系统应由设备间至电信间的干线电缆和光缆,安装在设备间的建筑物配线设备(BD)及设备缆线和跳线组成。

4. 建筑群子系统

建筑群子系统应由连接多个建筑物之间的主干电缆和光缆,建筑群配线设备(CD)及设备缆线和跳线组成。

5. 设备间子系统

设备间子系统是在每幢建筑物的适当地点进行网络管理和信息交换的场地。

6. 进线间子系统

进线间子系统是建筑物外部通信和信息管线的入口部位,并可作为入口设施和建筑群配线设备的安装场地。

7. 管理子系统

管理子系统应对工作区、电信间、设备间、进线间的配线设备、缆线、信息插座模块等设施按一定的模式进行标识和记录。

4.4.3　布线注意事项

根据多年结构化布线和故障排除的经验,总结出布线时需要注意的几点事项,在工组中需要在布线时注意这些,这样才能保证我们更顺畅的享受网络。

1. 硬件要兼容

在网络设备选择上,尽量使所有网络设备都采用一家公司的产品,这样可以最大限度地减少高端与低端甚至是同等级别不同设备间的不兼容问题。而且不要选择没有质量保证的网络基础材料,例如跳线、面板、网线等。这些东西在布线时都会安放在天花板或墙体中,出现问题后很难解决。同时,即使是大品牌的产品也要在安装前用专业工具检测一下质量。

2. 正确端接

当我们完成结构化布线工作后就应该把多余的线材、设备拿走,防止普通用户乱接这些线材。另外,有些时候,用户私自使用一分二线头这样的设备也会造成网络中出现磁场风暴,因此布线时遵循严格的管理制度是必要的。布线后不要遗留任何部件,因为使用者一般对网络不太熟悉,出现问题时很有可能病急乱投医,看到多余设备就会随便使用,使问题更加严重。

3. 防磁

在网线中走的是电信号,而大功率用电器附近会产生磁场,这个磁场又会对附近的网线起作用,生成新的电场,自然会出现信号减弱或丢失的情况。

需要注意的是防止干扰除了要避开干扰源之外,网线接头的连接方式也是至关重要的,不管是采用 568A 还是 568B 标准来制作网线,一定要保证 1 和 2、3 和 6 是两对芯线,这样才能有较强的抗干扰能力。在结构化布线时一定要事先把网线的路线设计好,远离大辐射设备与大的干扰源。

4. 散热

在高温环境下,设备总是频频出现故障。当 CPU 风扇散热不佳时计算机系统经常会死机或自动重启,网络设备更是如此,高速运行的 CPU 与核心组件需要在一个合适的工作环境下运转,温度太高会使它们损坏。设备散热工作是一定要做的,特别是对于核心设备以及服务器来说,需要把它们放置在一个专门的机房中进行管理,并且还需要配备空调等降温设备。

5. 按规格连接线缆

众所周知网线有很多种,如交叉线、直通线等,不同的线缆在不同情况下有不同的用途。如果混淆种类随意使用就会出现网络不通的情况。因此在结构化布线时一定要特别注意分清线缆的种类。线缆使用不符合要求就会出现网络不通的问题。

6. 留足网络接入点

很多时候在结构化布线过程中没有考虑未来的升级性,网络接口数量很有限,刚够眼前使用,如果以后住宅布局出现变化的话,就会出现上述问题。因此在结构化布线时需要事先留出多出一倍的网络接入点。

4.4.4　施工方面

1. 明确要求、方法

施工负责人和技术人员要熟悉网络施工要求、施工方法、材料使用,并能向施工人员说明网络施工要求、施工方法、材料使用，而且要经常在施工现场指挥施工，检查质量，随时解决现场施工人员提出的问题。

2. 掌握环境资料

尽量掌握网络施工场所的环境资料，根据环境资料提出保证网络可靠性的防护措施。

为防止意外破坏，室外电缆一般应穿入埋在地下的管道内，如需架空，则应架高（高 4 m 以上），而且一定要固定在墙上或电线杆上，切勿搭架在电杆上、电线上、墙头上甚至门框、窗框上。室内电缆一般应铺设在墙壁顶端的电缆槽内。

通信设备和各种电缆线都应加以固定，防止随意移动，影响系统的可靠性。

为了保护室内环境，室内要安装电缆槽，电缆放在电缆槽内，全部电缆进房间、穿楼层均需打电缆洞，全部走线都要横平竖直。

3. 区分不同介质

保证通信介质性能，根据介质材料特点，提出不同施工要求。计算机网络系统的通信介质有许多种，不同通信介质的施工要求不同，具体如下所述。

（1）光纤电缆

光纤电缆铺设不应绞结；

光纤电缆弯角时，其曲率半径应大于 30 cm；

光纤裸露在室外的部分应加保护钢管，钢管应牢固地固定在墙壁上；

光纤穿在地下管道中时，应加 PVC 管；

光缆室内走线应安装在线槽内；

光纤铺设应有胀缩余量，并且余量要适当，不可拉得太紧或太松。光纤电缆如图 4-24 所示。

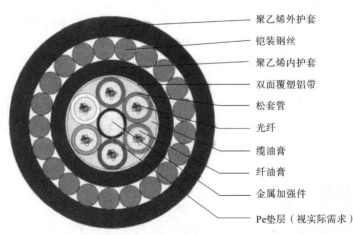

图 4-24　光纤电缆

聚乙烯外护套
铠装钢丝
聚乙烯内护套
双面覆塑铝带
松套管
光纤
缆油膏
纤油膏
金属加强件
Pe垫层（视实际需求）

（2）同轴粗缆

粗缆铺设不应绞结和扭曲，应自然平直铺设；

粗缆弯角半径应大于 30 cm；

安装在粗缆上各工作站点间的距离应大于 25 m；

粗缆接头安装要牢靠，并且要防止信号短路；

粗缆走线应在电缆槽内，防止电缆损坏；

粗缆铺设拉线时不可用力过猛，防止扭曲；

每一网络段的粗缆应小于 500 m，数段粗缆可以用粗缆连结器连接使用，但总长度不可大于 500 m，连接器不可太多；

每一网络段的粗缆两端一定要安装终端器，其中有一个终端器必须接地；

同轴粗缆可安装在室外，但要加防护措施，埋入地下和沿墙走线的部分要外加钢管，防止意外损坏。

（3）同轴细缆

细缆铺设不应绞结；

细缆弯角半径应大于 20 cm；

安装在细缆上各工作站点间的距离应大于 0.5 m；

细缆接头安装要牢靠，且应防止信号短路；

细缆走线应在电缆槽内，防止电缆损坏；

细缆铺设时，不可用力拉扯，防止拉断；

一段细缆应小于 183 m，183 m 以内的两段细缆一般可用"T"头连结加长；

两端一定要安装终端器，每段至少有一个终端器要接地；

同轴细缆一般不可安装在室外，安装在室外的部分应加装套管。实心同轴电缆如图 4-25 所示。

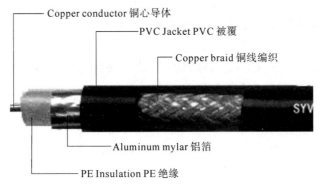

图 4-25　实芯同轴电缆

（4）网络设备安装

①Hub 的安装

Hub 应安装在干燥、干净的房间内；

Hub 应安装在固定的托架上；

Hub 固定的托架一般应距地面 500 mm 以上；

插入 Hub 的电缆线要固定在托架或墙上，防止意外脱落。

②收发器的安装

选好收发器安装在粗缆上的位置(收发器在粗缆上安装,两个收发器最短距离应为 25 m);

用收发器安装专用工具,在粗缆上钻孔,钻孔时要钻在粗缆中间位置,要钻到底(即钻头全部钻入);

安装收发器连结器,收发器连结器上有三根针(中间一只信号针,信号针两边各有一只接地针),信号针要垂直接入粗缆上的孔中,上好固定螺栓(要安装紧固);

用万用表测信号针和接地针间电阻,电阻值约为 25 Ω(粗缆两端粗缆终端器已安装好),如电阻无穷大,一般是信号针与粗缆芯没接触上,或收发器连结器固定不紧,或钻孔时没有钻到底,需要重新钻孔或再用力把收发器连结器固定紧;

安装好收发器,固定好螺钉;

收发器要固定在墙上或托架上,不可悬挂在空中。

③安装好收发器电缆

收发器电缆首先与粗缆平行走一段,然后拐弯,以保证收发器电缆插头与收发器连接可靠。

④网卡安装

网卡安装不要选计算机最上面的插槽,最边上的插槽有机器框架,影响网络电缆的拔插,给调试带来不便;

网卡安装与其他计算机卡安装方法一样,因网卡有外接线,网卡一定要用螺钉固定在计算机的机架上。

⑤设备安装

为保证网络安装的质量,网络设备的安装应遵循如下步骤:

首先阅读设备手册和设备安装说明书。

设备开箱要按照装箱单进行清点,对设备外观进行检查,认真详细地做好记录。

设备就位。

安装工作应从服务器开始,按说明书要求逐一接好电缆。

逐台设备分别进行加电,做好自检。

逐台设备分别联到服务器上,进行联机检查,出现问题应逐一解决。有故障的设备留在最后解决。安装系统软件,进行主系统的联调工作。

安装各工作站软件,各工作站可正常上网工作。

逐个解决遗留的所有问题。

用户按操作规程可任意上机检查,熟悉网络系统的各种功能。

试运行开始。

4.4.5　综合布线常见术语(中英文对照)

ANSI:American National Standards Institute,美国国家标准协会

AU:Administration Unit,管理单元

AUG:Administration Unit Group,管理单元组

BAC:Building Automation&Controlnet,建筑物自动化和控制网络

B-ISDN:Brandband ISDN,宽带综合业务数字网

BMS：Building Management System，智能建筑管理系统

CD：Campus Distributor，建筑群配线架

ER：Equipment Room，设备间

FCC：Fire Alarm System，火灾报警系统

FCS：Field Control System，现场总线

FDDI：Fiber distributed Data Interface，光纤缆分布式数据接口

FDMA：Frequency Division Multiple Access，频分多址

FPD：Fire Public Device，消防设施

FTTB：Fiber To The Building，光纤到大楼

FTTC：Fiber To The Curb，光纤到路边

FTTH：Fiber To The Home，光纤到家庭

FW：fire Wall，防火墙

ACR：Attenuation to Crosstalk Ratio，衰减与串扰比

GC：Generic Cabling，综合布线

GSM：Global System for Mobile communications，全球移动通信系统

HFC：Hybrid Fiber Coax，光纤-同轴电缆混合系统

I：Interference，串扰

IA：Intruder Alarm，防盗报警

IB：Intelligent Building，智能建筑

ICMP：Internet Control Message Protocol，控制信息协议

IDC：Insulation Displacement Connection，绝缘层信移连接件

IDF：Intermediate Distribution Frame，分配线架

IDS：Industrial Distribution System，工业布线系统

IMA：Interactive Multimedia Association，交互式多媒体协议

IN：Information Network，信息网

IO：Information Outlet，信息插座

IT：Information Technology，信息技术

ITU：International Telecommunications Union，国际电信联盟

LE：Local Exchange，本地交换网

MDF：Main Distribution Frame，主配线架

MIC：Medium Interface Connector，介质接口连接器

MIO：Multiuser Information Outlet，多用户信息插座

MMO：Multimedia Outlet，多媒体插座

MN-NES：MN-Network Element System，网元管理系统

MN-RMS：MN-Region Management System，网络管理系统

MO：Managed Object，管理目标

NEXT：Near End Crosstalk，近端串扰

NMS：Network Management System，网络管理系统

O/E：Optical to Electricalconvertor，光电转换器

OAM&P：Operation Administration，Maintenanceand Provisioning，运行

OAM：Operation，Administrationand Maintenance，操作、管理和维护

OSI：Open Systems Interconnection，开放系统互连

OTDK：Optical Time Doman Reflectmeter，光时域反射线

OTDM：Optical Time Division Multiplexing，光时分复用

PA：Power Amplifier，功率放大器

PABX：Private Automatic Branch Exchange，程控数字自动交换机

Paging：无线呼叫系统

PBX：Private Branch exchange，程控用户交换机

PDS：Premises Distribution System，建筑物布线系统

PSNT：Power Sun Next，综合近端串扰

PVC：Poly vinyl Chloride，聚氯乙烯

PWS：Power System，电源系统

ITU-T：International Telecommunication Union-Telecommunication Sector，国际电信联盟-电信标准部

SC：Subscriber Connector(Optical Fiber Connector)，用户连接器（光纤连接器）

SC-D：Duplex SC Connector，双工 SC 连接器

STI：Surface Transfer Impedance，表面传输阻抗

ST：Straight Tip，直通式光纤连接器

SCS：Structured Cabling System，结构化布线系统

SLC：Satellite Communication，卫星通信

SNR：Signal To Noise Ratio，信噪比

STB：Set-Top-Box，机顶盒

TC：Telecommunication Closet，通信插座

TP：Tunst Pair，对绞线

TP：Transition Point，转接点

TR：Token Ring，令牌网

VI：Video Interphone，可视对讲门铃

VCS：Video Confer-phone System，会议电视系统

VOD：Video On Demand，视频点播

4.4.6　铜缆双绞线等级

1. 超 5 类电缆系统(Cat5e)

是在对现有的 5 类 UTP 双绞线的部分性能加以改善后产生的新型电缆系统，不少性能参数，如近端串扰(NEXT)、衰减串扰比(ACR)等都有所提高，但其传输带宽仍为 100 MHz。目前有非屏蔽线缆和屏蔽线缆两种类型。

2. 6 类电缆系统(Cat6)

一个新级别的电缆系统，除了各项性能参数都有较大提高外，其带宽将扩展至 250 MHz。其实这个级别的布线系统很早就已经提出，而且目前应用较广。有屏蔽和非屏蔽线缆。

3. 6A 类电缆系统(Cat6A)

在 6 类电缆系统之上的一种类别,除了各项性能参数都有较大提高外,其带宽将扩展至 500 MHz,适用于万兆传输。

4. 7 类电缆系统

7 类电缆系统是欧洲提出的一种电缆标准,其实现带宽为 600 MHz,但是其连接模块的结构与目前的 RJ-45 完全不兼容。由于频率的提升所以必须在外层再加以铜网编制层。只有屏蔽线缆,以对铝箔屏蔽加外层编织层屏蔽(S/FTP)结构实现。

5. 7A 类电缆系统

7A 类是更高等级的线缆,其实现带宽为 1 000 MHz,其对应的连接模块的结构与目前的 RJ-45 不完全兼容,目前市面上能看到 GG45(向下兼容 RJ45)和 Tear 模块(需要 TERA-RJ45 的转接跳线)。由于频率的提升所以必须在外层再加以铜网编制层。只有屏蔽线缆,以对铝箔屏蔽加外层铜网编织层屏蔽实现。为 25G 和 40G 而准备的线缆。

6. 8 类电缆系统

8 类是目前知道的最高等级的传输线缆,其实现带宽在 2 000 MHz,分为 CAT8.1 和 CAT8.2 两种不同的结构等级,均能在 30 m 范围内支持 40GBASE-T,8 类线缆规范还在草案制定中。

4.5 交 换 机

交换机(Switch)意为"开关"是一种用于电(光)信号转发的网络设备。它可以为接入交换机的任意两个网络节点提供独享的电信号通路。最常见的交换机是以太网交换机。其他常见的还有电话语音交换机、光纤交换机等。

4.5.1 交换机的原理

交换机工作于 OSI 参考模型的第二层,即数据链路层。交换机内部的 CPU 会在每个端口成功连接时,通过将 MAC 地址和端口对应,形成一张 MAC 表。在今后的通信中,发往该 MAC 地址的数据包将仅送往其对应的端口,而不是所有的端口。因此,交换机可用于划分数据链路层广播,即冲突域;但它不能划分网络层广播,即广播域。

交换机拥有一条很高带宽的背部总线和内部交换矩阵。交换机的所有的端口都挂接在这条背部总线上,控制电路收到数据包以后,处理端口会查找内存中的地址对照表以确定目的 MAC(网卡的硬件地址)的 NIC(网卡)挂接在哪个端口上,通过内部交换矩阵迅速将数据包传送到目的端口,目的 MAC 若不存在,广播到所有的端口,接收端口回应后交换机会"学习"新的 MAC 地址,并把它添加入内部 MAC 地址表中。使用交换机也可以把网络"分段",通过对照 IP 地址表,交换机只允许必要的网络流量通过交换机。通过交换机的过滤和转发,可以有效地减少冲突域,但它不能划分网络层广播,即广播域。

1. 端口

交换机在同一时刻可进行多个端口对之间的数据传输。每一端口都可视为独立的物理网段(注:非 IP 网段),连接在其上的网络设备独自享有全部的带宽,无须同其他设备竞争使用。

当节点 A 向节点 D 发送数据时,节点 B 可同时向节点 C 发送数据,而且这两个传输都享有网络的全部带宽,都有着自己的虚拟连接。假使这里使用的是 10 Mbit/s 的以太网交换机,那么该交换机这时的总流通量就等于 2×10 Mbit/s$=20$ Mbit/s,而使用 10 Mbit/s 的共享式 Hub 时,一个 Hub 的总流通量也不会超出 10 Mbit/s。总之,交换机是一种基于 MAC 地址识别,能完成封装转发数据帧功能的网络设备。交换机可以"学习"MAC 地址,并把其存放在内部地址表中,通过在数据帧的始发者和目标接收者之间建立临时的交换路径,使数据帧直接由源地址到达目的地址。

2. 传输

交换机的传输模式有全双工、半双工、全双工/半双工自适应。

交换机的全双工是指交换机在发送数据的同时也能够接收数据,两者同步进行,这好像我们平时打电话一样,说话的同时也能够听到对方的声音。交换机都支持全双工。全双工的好处在于迟延小、速率快。

提到全双工,就不能不提与之密切对应的另一个概念,那就是"半双工",所谓半双工就是指一个时间段内只有一个动作发生,早期的对讲机以及早期集线器等设备都是实行半双工的产品。随着技术的不断进步,半双工会逐渐退出历史舞台。

4.5.2 常见交换机种类

从广义上来看,网络交换机分为两种:广域网交换机和局域网交换机。广域网交换机主要应用于电信领域,提供通信用的基础平台。而局域网交换机则应用于局域网络,用于连接终端设备,如 PC 及网络打印机等。从传输介质和传输速率上可分为以太网交换机、快速以太网交换机、千兆以太网交换机、FDDI 交换机、ATM 交换机和令牌环交换机等。从规模应用上又可分为企业级交换机、部门级交换机和工作组交换机等。各厂商划分的尺度并不是完全一致的,一般来讲,企业级交换机都是机架式,部门级交换机可以是机架式(插槽数较少),也可以是固定配置式,而工作组级交换机为固定配置式(功能较为简单)。另一方面,从应用的规模来看,作为骨干交换机时,支持 500 个信息点以上大型企业应用的交换机为企业级交换机,支持 300 个信息点以下中型企业的交换机为部门级交换机,而支持 100 个信息点以内的交换机为工作组级交换机。本段落中所介绍的交换机指的是局域网交换机。

1. 以太网机

随着计算机及其互联技术(也即通常所谓的"网络技术")的迅速发展,以太网成为迄今为止普及率最高的短距离二层计算机网络。而以太网的核心部件就是以太网交换机。

不论是人工交换还是程控交换,都是为了传输语音信号,是需要独占线路的"电路交换"。而以太网是一种计算机网络,需要传输的是数据,因此采用的是"分组交换"。但无论采取哪种交换方式,交换机为两点间提供"独享通路"的特性不会改变。就以太网设备而言,交换机和集线器的本质区别就在于:当 A 发信息给 B 时,如果通过集线器,则接入集线器的所有网络节点都会收到这条信息(也就是以广播形式发送),只是网卡在硬件层面就会过滤掉不是发给本机的信息;而如果通过交换机,除非 A 通知交换机广播,否则发给 B 的信息 C 绝不会收到(获取交换机控制权限从而监听的情况除外)。

以太网交换机厂商根据市场需求,推出了三层甚至四层交换机。但无论如何,其核心功能仍是二层的以太网数据包交换,只是带有了一定的处理 IP 层甚至更高层数据包的能力。网络交换机是一个扩大网络的器材,能为子网络中提供更多的连接端口,以便连接更多的计算机。随着通信业的发展以及国民经济信息化的推进,网络交换机市场呈稳步上升态势。它具有性能价格比高、高度灵活、相对简单、易于实现等特点。

2．光交换机

光交换是人们正在研制的下一代交换技术。所有的交换技术都是基于电信号的,即使是的光纤交换机也是先将光信号转为电信号,经过交换处理后,再转回光信号发到另一根光纤。

3．远程配置

交换机除了可以通过"Console"端口与计算机直接连接,还可以通过普通端口连接。此时配置交换机就不能用本地配置,而是需要通过 Telnet 或者 Web 浏览器的方式实现交换机配置。具体配置方法如下:

(1) Telnet

Telnet 协议是一种远程访问协议,可以通过它登录到交换机进行配置。假设交换机 IP 为:192.168.0.1,通过 Telnet 进行交换机配置只需两步:

第 1 步,单击开始,运行,输入"Telnet192.168.0.1"。

第 2 步,输入好后,单击"确定"按钮,或按 Enter 键,建立与远程交换机的连接。然后,就可以根据实际需要对该交换机进行相应的配置和管理了。

(2) Web

通过 Web 界面,可以对交换机设置,方法如下所述。

第 1 步,运行 Web 浏览器,在地址栏中输入交换机 IP,按 Enter 键,弹出如下对话框。

第 2 步,输入正确的用户名和密码。

第 3 步,连接建立,可进入交换机配置系统。

第 4 步,根据提示进行交换机设置和参数修改。

4.5.3　交换机的用途

交换机的主要功能包括物理编址、网络拓扑结构、错误校验、帧序列以及流控。交换机还具备了一些新的功能,如对 VLAN(虚拟局域网)的支持、对链路汇聚的支持,甚至有的还具有防火墙的功能。

1．学习

以太网交换机了解每一端口相连设备的 MAC 地址,并将地址同相应的端口映射起来存放在交换机缓存中的 MAC 地址表中。

2．转发/过滤

当一个数据帧的目的地址在 MAC 地址表中有映射时,它被转发到连接目的节点的端口而不是所有端口(如该数据帧为广播/组播帧则转发至所有端口)。

3．消除回路

当交换机包括一个冗余回路时,以太网交换机通过生成树协议避免回路的产生,同时允许存在后备路径。

4.5.4 交换方式

1. 交换机通过以下三种方式进行交换

（1）直通式

直通方式的以太网交换机可以理解为在各端口间是纵横交叉的线路矩阵电话交换机。它在输入端口检测到一个数据包时，检查该包的包头，获取包的目的地址，启动内部的动态查找表转换成相应的输出端口，在输入与输出交叉处接通，把数据包直通到相应的端口，实现交换功能。由于不需要存储，延迟非常小、交换非常快，这是它的优点。它的缺点是，因为数据包内容并没有被以太网交换机保存下来，所以无法检查所传送的数据包是否有误，不能提供错误检测能力。由于没有缓存，不能将具有不同速率的输入/输出端口直接接通，而且容易丢包。

（2）存储转发

存储转发方式是计算机网络领域应用最为广泛的方式。它把输入端口的数据包先存储起来，然后进行 CRC（循环冗余码校验）检查，在对错误包处理后才取出数据包的目的地址，通过查找表转换成输出端口送出包。正因如此，存储转发方式在数据处理时延时大，这是它的不足，但是它可以对进入交换机的数据包进行错误检测，有效地改善网络性能。尤其重要的是它可以支持不同速率的端口间的转换，保持高速端口与低速端口间的协同工作。

（3）碎片隔离

这是介于前两者之间的一种解决方案。它检查数据包的长度是否够 64 个字节，如果小于 64 个字节，说明是假包，则丢弃该包；如果大于 64 个字节，则发送该包。这种方式也不提供数据校验。它的数据处理速度比存储转发方式快，但比直通式慢。

2. 端口交换

端口交换技术最早出现在插槽式的集线器中，这类集线器的背板通常划分有多条以太网段（每条网段为一个广播域），不用网桥或路由连接，网络之间是互不相通的。以太主模块插入后通常被分配到某个背板的网段上，端口交换用于将以太模块的端口在背板的多个网段之间进行分配、平衡。根据支持的程度，端口交换还可细分以下三类。

（1）模块交换：将整个模块进行网段迁移。

（2）端口组交换：通常模块上的端口被划分为若干组，每组端口允许进行网段迁移。

（3）端口级交换：支持每个端口在不同网段之间进行迁移。这种交换技术是基于 OSI 第一层上完成的，具有灵活性和负载平衡能力等优点。如果配置得当，那么还可以在一定程度进行容错，但没有改变共享传输介质的特点，自而未能称之为真正的交换。

3. 帧交换

帧交换是应用最广的局域网交换技术，它通过对传统传输媒介进行微分段，提供并行传送的机制，以减小冲突域，获得高的带宽。一般来讲每个公司的产品的实现技术均会有差异，但对网络帧的处理方式一般有以下几种。

直通交换：提供线速处理能力，交换机只读出网络帧的前 14 个字节，便将网络帧传送到相应的端口上。

存储转发：通过对网络帧的读取进行验错和控制。

前一种方法的交换速度非常快，但缺乏对网络帧进行更高级的控制，缺乏智能性和安全性，同时也无法支持具有不同速率的端口的交换。因此，各厂商把后一种技术作为重点。

信元交换：ATM技术采用固定长度53个字节的信元交换。由于长度固定,因而便于用硬件实现。ATM采用专用的非差别连接,并行运行,可以通过一个交换机同时建立多个节点,但并不会影响每个节点之间的通信能力。ATM还容许在源节点和目标、节点建立多个虚拟链接,以保障足够的带宽和容错能力。ATM采用了统计时分电路进行复用,因而能大大提高通道的利用率。ATM的带宽可以达到25M、155M、622M甚至数GB的传输能力。但随着万兆以太网的出现,曾经代表网络和通信技术发展的未来方向的ATM技术,开始逐渐失去存在的意义。

4.5.5 层数区别

二层交换机,三层交换机及四层交换机的区别。

1. 二层交换

二层交换技术的发展比较成熟,二层交换机属数据链路层设备,可以识别数据包中的MAC地址信息,根据MAC地址进行转发,并将这些MAC地址与对应的端口记录在自己内部的一个地址表中。

具体的工作流程如下：

(1) 当交换机从某个端口收到一个数据包,它先读取包头中的源MAC地址,这样它就知道源MAC地址的机器是连在哪个端口上的；

(2) 再去读取包头中的目的MAC地址,并在地址表中查找相应的端口；

(3) 如表中有与这目的MAC地址对应的端口,把数据包直接复制到这端口上；

(4) 如表中找不到相应的端口则把数据包广播到所有端口上,当目的机器对源机器回应时,交换机又可以记录这一目的MAC地址与哪个端口对应,在下次传送数据时就不再需要对所有端口进行广播了。不断的循环这个过程,对于全网的MAC地址信息都可以学习到,二层交换机就是这样建立和维护它自己的地址表。

2. 三层交换

下面先来通过一个简单的网络来看看三层交换机的工作过程。

使用IP的设备A——三层交换机——使用IP的设备B

比如A要给B发送数据,已知目的IP,那么A就用子网掩码取得网络地址,判断目的IP是否与自己在同一网段。如果在同一网段,但不知道转发数据所需的MAC地址,A就发送一个ARP请求,B返回其MAC地址,A用此MAC封装数据包并发送给交换机,交换机起用二层交换模块,查找MAC地址表,将数据包转发到相应的端口。

如果目的IP地址显示不是同一网段的,那么A要实现和B的通信,在流缓存条目中没有对应MAC地址条目,就将第一个正常数据包发送向一个缺省网关,这个缺省网关一般在操作系统中已经设好,这个缺省网关的IP对应第三层路由模块,所以对于不是同一子网的数据,最先在MAC表中放的是缺省网关的MAC地址(由源主机A完成)；然后就由三层模块接收到此数据包,查询路由表以确定到达B的路由,将构造一个新的帧头,其中以缺省网关的MAC地址为源MAC地址,以主机B的MAC地址为目的MAC地址。通过一定的识别触发机制,确立主机A与B的MAC地址及转发端口的对应关系,并记录进流缓存条目表,以后的A到B的数据(三层交换机要确认是由A到B而不是到C的数据,还要读取帧中的IP地址),就直接交由二层交换模块完成。这就通常所说的一次路由多次转发。

3. 二层和三层交换机的选择

二层交换机用于小型的局域网络。在小型局域网中，广播包影响不大，二层交换机的快速交换功能、多个接入端口和低廉价格为小型网络用户提供了很完善的解决方案。

三层交换机的优点在于接口类型丰富，支持的三层功能强大，路由能力强大，适合用于大型的网络间的路由，它的优势在于选择最佳路由，负荷分担，链路备份及和其他网络进行路由信息的交换等路由器所具有功能。

三层交换机的最重要的功能是加快大型局域网络内部的数据的快速转发，加入路由功能也是为这个目的服务的。如果把大型网络按照部门，地域等等因素划分成一个个小局域网，这将导致大量的网际互访，单纯的使用二层交换机不能实现网际互访；如单纯的使用路由器，由于接口数量有限和路由转发速率慢，将限制网络的速率和网络规模，采用具有路由功能的快速转发的三层交换机就成为首选。

一般来说，在内网数据流量大，要求快速转发响应的网络中，如全部由三层交换机来做这个工作，会造成三层交换机负担过重，响应速度受影响，将网间的路由交由路由器去完成，充分发挥不同设备的优点，不失为一种好的组网策略，当然，前提是客户的腰包很鼓，不然就退而求其次，让三层交换机也兼为网际互联。

4. 四层交换

第四层交换的一个简单定义是：它是一种功能，它决定传输不仅仅依据 MAC 地址（第二层网桥）或源/目标 IP 地址（第三层路由），而且依据 TCP/UDP（第四层）应用端口号。第四层交换功能就像是虚 IP，指向物理服务器。它所传输的业务服从各种各样的协议，有 HTTP、FTP、NFS、Telnet 或其他协议。这些业务在物理服务器基础上，需要复杂的载量平衡算法。

在 IP 世界，业务类型由终端 TCP 或 UDP 端口地址来决定，在第四层交换中的应用区间则由源端和终端 IP 地址、TCP 和 UDP 端口共同决定。在第四层交换中为每个供搜寻使用的服务器组设立虚 IP 地址（VIP），每组服务器支持某种应用。在域名服务器（DNS）中存储的每个应用服务器地址是 VIP，而不是真实的服务器地址。当某用户申请应用时，一个带有目标服务器组的 VIP 连接请求（例如一个 TCPSYN 包）发给服务器交换机。服务器交换机在组中选取最好的服务器，将终端地址中的 VIP 用实际服务器的 IP 取代，并将连接请求传给服务器。这样，同一区间所有的包由服务器交换机进行映射，在用户和同一服务器间进行传输。

四层交换的特点如下所述。

OSI 模型的第四层是传输层。传输层负责端对端通信，即在网络源和目标系统之间协调通信。在 IP 协议栈中这是 TCP（一种传输协议）和 UDP（用户数据包协议）所在的协议层。

在第四层中，TCP 和 UDP 标题包含端口号（port number），它们可以唯一区分每个数据包包含哪些应用协议（例如 HTTP、FTP 等）。端点系统利用这种信息来区分包中的数据，尤其是端口号，使一个接收端计算机系统能够确定它所收到的 IP 包类型，并把它交给合适的高层软件。端口号和设备 IP 地址的组合通常称作"插口（socket）"。1 和 255 之间的端口号被保留，它们称为"熟知"端口，也就是说，在所有主机 TCP/IP 协议栈实现中，这些端口号是相同的。除了"熟知"端口外，标准 UNIX 服务分配在 256 到 1024 端口范围，定制的应用一般在 1024 以上分配端口号。分配端口号的清单可以在 RFC1700"Assigned Numbers"上找到。

TCP/UDP 端口号提供的附加信息可以为网络交换机所利用，这是第四层交换的基础。具有第四层功能的交换机能够起到与服务器相连接的"虚拟 IP"（VIP）前端的作用。每台服务器和支持单一或通用应用的服务器组都配置一个 VIP 地址。这个 VIP 地址被发送出去并在域名系统上注册。在发出一个服务请求时,第四层交换机通过判定 TCP 开始,来识别一次会话的开始。然后它利用复杂的算法来确定处理这个请求的最佳服务器。一旦做出这种决定,交换机就将会话与一个具体的 IP 地址联系在一起,并用该服务器真正的 IP 地址来代替服务器上的 VIP 地址。

每台第四层交换机都保存一个与被选择的服务器相配的源 IP 地址以及源 TCP 端口相关联的连接表。然后第四层交换机向这台服务器转发连接请求。所有后续包在客户机与服务器之间重新影射和转发,直到交换机发现会话为止。在使用第四层交换的情况下,接入可以与真正的服务器连接在一起来满足用户制定的规则,诸如使每台服务器上有相等数量的接入或根据不同服务器的容量来分配传输流。

（1）速率

为了在企业网中行之有效,第四层交换必须提供与第三层线速路由器可比拟的性能。也就是说,第四层交换必须在所有端口以全介质速率操作,即使在多个千兆以太网连接上亦如此。千兆以太网速率等于以每秒 1 488 000 个数据包的最大速率路由（假定最坏的情形,即所有包为以太网定义的最小尺寸,长 64 个字节）。

（2）服务器容量平衡算法

依据所希望的容量平衡间隔尺寸,第四层交换机将应用分配给服务器的算法有很多种,有简单的检测环路最近的连接、检测环路时延或检测服务器本身的闭环反馈。在所有的预测中,闭环反馈提供反映服务器现有业务量的最精确的检测。

（3）表容量

应注意的是,进行第四层交换的交换机需要有区分和存储大量发送表项的能力。交换机在一个企业网的核心时尤其如此。许多第二/三层交换机倾向发送表的大小与网络设备的数量成正比。对第四层交换机,这个数量必须乘以网络中使用的不同应用协议和会话的数量。因而发送表的大小随端点设备和应用类型数量的增长而迅速增长。第四层交换机设计者在设计其产品时需要考虑表的这种增长。大的表容量对制造支持线速发送第四层流量的高性能交换机至关重要。

（4）冗余

第四层交换机内部有支持冗余拓扑结构的功能。在具有双链路的网卡容错连接时,就可能建立从一个服务器到网卡、链路和服务器交换器的完全冗余系统。

4.6　电子标签系统(RFID)

4.6.1　电子标签系统概述

电子标签是一种非接触式的自动识别技术,它通过射频信号来识别目标对象并获取相关数据,识别工作无须人工干预,作为条形码的无线版本,RFID 技术具有条形码所不具备的防水、防磁、耐高温、使用寿命长、读取距离大、标签上数据可以加密、存储数据容量更大、存储信息更改自如等优点。电子标签的编码方式、存储及读写方式与传统标签(如条码)或手工标签不同,电子标签编码的存储是在集成电路上以只读或可读写格式存储的;特别是读写方式,电子标签是用无线电子传输方式实现的。RFID电子标签突出的技术特点是:可以识别单个的非常具体的物体,而不像条形码那样只能识别一类物体;可以同时对多个物体进行识读,而条形码只能一个一个地读;存储的信息量很大;采用无线电射频,可以透过外部材料读取数据,而条形码必须靠激光或红外在材料介质的表面读取信息。

4.6.2 电子标签系统的组成

1. 标签
由耦合元件及芯片组成,每个标签具有唯一的电子编码,高容量电子标签有用户可写入的存储空间,附着在物体上标识目标对象。

2. 读写器
手持或固定式读取/写入标签信息的设备。

3. 天线
在标签和阅读器间传递射频信号。

4.6.3 工作原理

RFID技术的基本工作原理并不复杂:标签进入磁场后,接收读写器发出的射频信号,凭借感应电流所获得的能量发送出存储在芯片中的产品信息,或者主动发送某一频率的信号,解读器读取信息并解码后,送至中央信息系统进行有关数据处理。

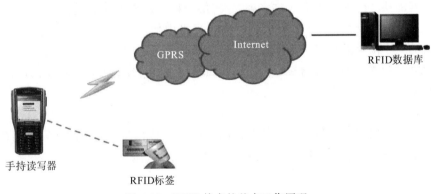

图 4-26　RFID 技术的基本工作原理

4.6.4 电子标签系统的应用

电子标签作为数据载体,能起到标识识别、物品跟踪、信息采集的作用。目前,电子标签已经在广泛的领域内得以应用。电子标签、读写器、天线和应用软件构成的RFID系统直接与相应的管理信息系统相连。每一件物品都可以被准确地跟踪,这种全面的信息管理系统能为客户带来诸多的利益,包括实时数据的采集、安全的数据存取通道、离线状态下就可以获得所有产品信息等。RFID技术已被广泛应用于诸如工业自动化、商业自动化等众多领域。应用范围包括以下几方面。

1. 生产流水线管理

电子标签在生产流水线上可以方便准确地记录工序信息和工艺操作信息,满足柔性化生产需求。对工人工号、时间、操作、质检结果的记录,可以完全实现生产的可追溯性。还可避免生产环境中手写、眼看信息造成的失误。

2. 仓储管理

将 RFID 系统用于智能仓库货物管理,有效地解决了仓储货物信息管理。对于大型仓储基地来说,管理中心可以实时了解货物位置、货物存储的情况,对于提高仓储效率、反馈产品信息、指导生产都有很重要的意义。它不但增加了一天内处理货物的件数,还可以监看货物的一切信息。其中应用的形式多种多样,可以将标签贴在货物上,由叉车上的读写器和仓库相应位置上的读写器读写;也可以将条码和电子标签配合使用。

3. 销售渠道管理

建立严格而有序的渠道,高效地管理好进销存是许多企业的强烈需要。产品在生产过程中嵌入电子标签,其中包含唯一的产品号,厂家可以用识别器监控产品的流向,批发商、零售商可以用厂家提供的读写器来识别产品的合法性。

4. 贵重物品管理

还可用于照相机、摄像机、便携式计算机、CD 随身听、珠宝等贵重物品的防盗、结算、售后保证。其防盗功能属于电子物品监视系统(EAS)的一种。标签可以附着或内置于物品包装内。专门的货架扫描器会对货品实时扫描,得到实时存货记录。如果货品从货架上拿走,系统将验证此行为是否合法,如为非法取走货品,系统将报警。

买单出库时,不同类别的全部物品可通过扫描器,一次性完成扫描,在收银台生成销售单的同时解除防盗功能。这样,顾客带着所购物品离开时,警报就不会响了。在顾客付账时,收银台会将售出日期写入标签,这样顾客所购的物品也得到了相应的保证和承诺。

5. 图书管理、租赁产品管理

在图书中贴入电子标签,可方便的接收图书信息,整理图书时不用移动图书,可提高工作效率,避免工作误差。

6. 其他

如物流、汽车防盗、航空包裹管理等。

第5章

数据中心消防系统

数据中心极其重要,一旦发生火灾,后果十分严重。消防专业的主要职责就是保证数据中心的整体消防设备设施有效安全稳定运行,排除一切火灾隐患。因此数据中心需要建立长效管理机制,确保数据中心的安全。

5.1 消防系统设计原则概述

由于计算机信息系统设备运行环境要求的特殊性,及磁介质储存的特殊要求,因此在选择消防设施时应综合考虑机房内人员的活动情况,受灾后的数据、设备恢复要求及时间、设备房内火灾特点等因素,根据不同机房的特征合理选择消防设施以达到提高机房自身在火灾初期阶段的防护能力。

5.2 数据中心消防管理

(1)健全消防安全体系,切实落实防火安全责任制。数据中心的消防安全由其主管单位负责,数据中心的主管部门负责人为其防火责任人,数据中心的主要负责人为本单位数据中心防火安全工作第一责任人,履行制定消防安全责任制度、确定岗位人员的消防安全职责、组织防火安全检查、组织人员培训等消防安全职责。

(2)加强人防措施检查,及早发现消除火灾隐患。值班人员应每2小时巡查一次,发现异常情况应及时处理和报告;处理不了时应停机检查,排除隐患后方可继续开机运行,并将巡查情况及时记录备查。对主机房、终端室、网络设备室、维修室、电源室、蓄电池室、发电机室空调系统用房等应重点检查。巡查值班人员应具备相应的防火、灭火知识,便于在巡查时发现火灾能够做到早期、及时、有效地处理,减少不必要的损失。

(3)规范操作运行制度,定期对消防设备维修保养。数据中心设立专人定期对消防设施进行维修保养,并每年需对系统检测一次,确保消防给水系统、火灾自动报警系统和其他灭火设施的完好有效。消防中心应24小时值班及时处理火灾自动报警系统中的异常情况,在确认发生火灾后应能启动相应灭火设施进行火的初期扑救,并及时报警通知相关人员进行火场处理减少不必要的损失。

（4）提高电气设备管理，严格预防火灾事故。加强对库房内电气线路、电气设备的检查测试，严禁超负荷工作。由于数据中心及计算机房内用电量大，其电线老化速度较标准办公用房快，因此应每年对电气线路、电气设备和接地设施进行一次全面的检查、检测，发现问题应急时更换设备。地板下空间必须定期检查，清除堆积的可燃物。

（5）加强对易燃易爆危险物品的管理。机房内禁止存放腐蚀性物品和易燃、易爆、易挥发的物品。计算机设备维修应尽量避免使用汽油、酒精、丙酮、甲苯等易燃溶剂，因工作需要必须使用时，应严格限制在保障设备有效运行所需的最低水平，并在安全规程规定的条件下使用，并严禁用易燃品清洗带电设备。

5.3 数据中心消防设施

5.3.1 火灾自动报警系统

根据数据中心的重要程度、火灾危害性和扑救难度等因素，数据中心的火灾自动报警系统应按级保护对象的要求进行设置。在不同机房及房间内设置火灾探测装置及进行消防设施联动时应注意以下两点。

（1）火灾探测报警装置的选择。鉴于数据中心内火灾多为电气火灾及 A 类火灾，火灾时发烟量大，故在机房内多选用感烟探测器作为探测火灾的装置。但是在火灾发展的四个阶段中，其初始阶段时间较长，在此阶段中空气中存在着肉眼看不见的很微弱的烟雾，普通的感烟探测器在这个阶段基本没有反应，导致无法在这一阶段及时发现火情并报警。因此，鉴于数据中心内主机房、辅助机房及媒介仓储区的重要性及机房内无人的情况，这类机房或房间内应设置空气采样烟雾探测器等早期火灾报警装置，以达到"早期报警、迅速扑救"的原则。其次，在运行操作区、软件开发区、行政管理区等机房及办公用房内可设置普通的感烟探测器作为火灾探测装置，在网络机房、综合布线区及电缆井中宜设置分布式感温光缆作为火灾探测装置。

（2）火灾报警系统联动的特殊要求。鉴于数据中心的特殊性，当机房内设置由火灾自动报警系统启动的自动灭火系统时，其火灾探测器宜在感温、感烟和感光等不同类型的探测器中选用两种，采用立体安装，以便监控各个不同的空间；当采用空气采样早期烟雾探测报警系统及传统火灾报警系统组合方式时，应将空气采样等早期报警系统信号作为第一预警信号。就计算机设备而言，当火灾自动报警系统确认火灾后，仅需切断其市政或发电机的供电电源，对 UPS 供电并不切断，这是为了防止系统误报，导致数据损失。切断市政或发电机的供电后，值班人员应及时对报警区域的火灾情况进行确认、处理，一旦发现误报或灾情很小能及时处理完毕，应及时送电以确保计算机系统稳定运行。另外，如果机房内火灾自动报警系统并未报警，但值班人员在巡查中发现火情，应采用机械应急方式启动气体灭火系统，此时火灾自动报警系统应联动所有相关消防设施，切断火灾区域的非消防电源。火灾自动报警系统框架图如图 5-1 所示。

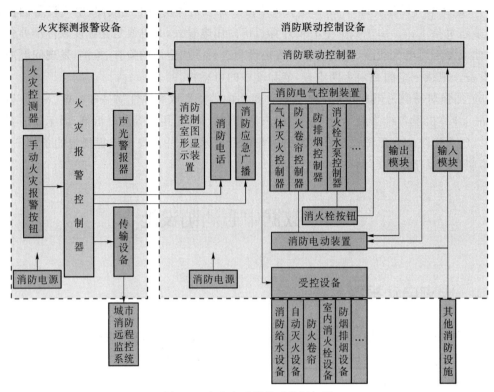

图 5-1　火灾自动报警系统框架图

5.3.2　室内消防给水

防水一直是数据中心的重点防护措施。但是,过去有一种设计误区认为既然机房"忌水",那么在数据中心内就不能设室内给水设施了。其实不然,如果发生火灾,即使不用水,机房内的设备和数据仍要损坏,而且由于扑救不及时可能造成更大的损失。因此,有必要在数据中心建筑内适当区域设室内消防给水系统。如机房外的走道上布置室内消火栓;当机房进深大于25 m 时,应在机房两侧设置公共走道,并在走道上设置室内消火栓。

5.3.3　自动灭火系统

在选择具体的消防设施时,应根据数据中心内设备运行特点及环境要求、防护区面积和个数以及其行业重要性,采用七氟丙烷、IG541 气体灭火系统或细水雾灭火系统。数据中心主机房内宜使用对设备无损坏、环保、安全无毒性的气体灭火系统或细水雾灭火系统。当单个防护区面积小于 800 m²、体积小于 3 600 m³ 时,可考虑采用气体灭火系统;当防护区面积、体积大于上述标准或防护区个数大于 8 个时,为了经济实用,可采用细水雾系统或其他新型、环保的哈龙替代技术。凡设置固定灭火系统及火灾探测器的计算机房,其吊顶的上、下及活动地板下,均应设置探测器和喷嘴。媒介仓储区内可设探火管(FM200)气体灭火系统,其他用房可根据需要设置喷淋系统或水喷雾系统。

5.4　火灾自动报警系统

火灾自动报警系统是由触发器件、火灾报警装置、火灾警报装置以及具有其他辅助功能的装置组成的火灾报警系统。它能够在火灾初期，将燃烧产生的烟雾、热量和光辐射等物理量，通过感温、感烟和感光等火灾探测器变成电信号，传输到火灾报警控制器，并同时显示出火灾发生的部位，记录火灾发生的时间。

5.4.1　火灾报警控制器

火灾报警控制器是火灾自动报警系统的心脏，可向探测器供电，具有下述功能。

（1）用来接收火灾信号并启动火灾报警装置。该设备也可用来指示着火部位和记录有关信息。

（2）能通过火警发送装置启动火灾报警信号，或通过自动消防灭火控制装置启动自动灭火设备和消防联动控制设备。

（3）自动的监视系统的正确运行和对特定故障给出声、光报警。

火灾报警控制器按监控区域分可分为区域型、集中型和控制中心报警系统。区域报警控制器是负责对一个报警区域进行火灾监测的自动工作装置。一个报警区域包括很多个探测区域（或称探测部位）。一个探测区域可有一个或几个探测器进行火灾监测，同一个探测区域的若干个探测器是互相并联的，共同占用一个部位编号，同一个探测区域允许并联的探测器数量视产品型号不同而有所不同。

火灾报警控制器按结构型式分可分为壁挂式、琴台式和柜式三种。

1. 区域型控制器

一台区域报警控制器的容量（即其所能监测的部位数）也视产品型号不同而不同，一般为几十个部位。区域报警控制器平时巡回检测该报警区内各个部位探测器的工作状态，发现火灾信号或故障信号，及时发出声光警报信号。如果是火灾信号，在声光报警的同时，有些区域报警控制器还有联动继电器触点动作，启动某些消防设备的功能。这些消防设备有排烟机、防火门、防火卷帘等。如果是故障信号，则只是声光报警，不联动消防设备。区域报警控制器接收到来自探测器的报警信号后，在本机发出声光报警的同时，还将报警信号传送给位于消防控制室内的集中报警控制器。自检按钮用于检查各路报警线路故障（短路或开路）发出模拟火灾信号，检查探测器功能及线路情况是否完好。当有故障时便发出故障报警信号（只进行声、光报警，而记忆单元和联动单元不动作）。

信号选择单元又称为信号识别单元。火灾信号的电平幅度值高于故障信号的电平幅度值，可以触发导通门级输入管（而低幅度的故障信号则不会使输入管导通），使继电器动作，切断故障声光报警电路，进行火灾声光报警，时钟停走，记下首次火警时间，同时经过继电器触点，联动其他报警或消防设备。电源输入电压 220 V，交流频率 50 Hz，内部稳压电源输出 24 V 直流电压供给探测器使用。

2. 火灾报警器原理

现代火灾报警控制器为了减少误报，方便安装与调试，降低安装与维修费用，减少连接线数,及时准确地知道发出报警的火灾探测器的确切位置(部位编号),都普遍采用脉冲编码控制系统,组成少线制的总线结构,由微型电子计算机或单片计算机作为主控核心单元,配以存储器和数字接口器件等。因此现代报警控制器有较强的抗干扰能力和灵活应变的能力。

这种区域报警控制器不断向各探测部位的编码探测器发送编码脉冲信号。当该信号与某部位的探测器编码相同时,探测器响应,返回信息,判断该部位是否正常。若正常,主机(CPU)继续巡检其他部位的探测器;若不正常,则判断是故障信号还是火警信号,发出对应的声、光报警信号,并且将报警信号传送给集中报警控制器。

3. 两种基本形式

(1)火灾自动报警系统有两种基本形式,即编码开关量寻址报警系统和模拟量软件寻址报警系统。

(2)模拟量软件寻址报警系统不需要编码开关设定编码地址号,而是由计算机系统软件来设定探测器、报警按钮等外围部件的地址。所以,该系统可以方便地根据要求命名或修改外围部件的地址。

4. 控制器上的指示灯含义

预警灯:红色,在预警允许状态下,控制器检测到外接探测器处于报警状态时,此灯亮,具体信息见液晶显示。预警转为火警或预警清除或复位控制器此灯熄灭。

监管灯:红色,此灯亮表示控制器检测到了外部设备的监管信号,系统处于监管状态。复位控制器后此灯熄灭。

屏蔽:黄色,当外部设备(探测器、模块或火灾显示盘、本机警报器)发生故障时,可将它屏蔽掉,待修理或更换后,再利用取消屏蔽功能将设备恢复。有屏蔽设备存在时此灯亮。

警报器启动灯:红色,有警报器处于启动状态时,此灯点亮,当停动警报器或警报器消声后,此灯熄灭。

火警传输动作/反馈:红色,当系统中有火警信息传输时,该灯闪亮,当接收到火警传输设备的反馈信号后该灯常亮;有新的火警信息传输时,该灯再次闪亮。该灯可反映信息传输的最新状态。

工作灯:绿色,当控制器工作时,此灯点亮。

主电工作灯:绿色,当控制器由 AC220 V 电源供电工作时,此灯点亮。

备电工作灯:绿色,当控制器由备电供电工作时,此灯点亮。

调试状态灯:绿色,当控制器处于调试状态时,此灯点亮。

自检灯:黄色,当系统中有设备处于自检状态时,此灯点亮。

警报器消音灯:黄色,当控制器发出警报音响时,按"警报器消音/启动"键该灯点亮,警报器终止发出警报。如再次按下"警报器消音/启动"键或有新的警报发生时,警报器消音指示灯熄灭,同时警报器再次发出警报声。

启动灯:红色,当控制器发出启动命令后,该灯常亮;当发出启动命令后在 10 s 内未收到要求的反馈信号,该灯闪亮;复位控制器后,此灯熄灭。

延时灯:红色,此灯亮表示系统中存在延时启动的设备,具体信息见液晶显示。延时结束或复位控制器后,此灯熄灭。

反馈灯:红色,此灯亮表示控制器接收到外接设备的反馈信息,具体信息见液晶显示。复位控制器后,此灯熄灭。

自动允许灯:绿色,此灯常亮表示系统处于全部允许状态;此灯闪亮表示系统处于部分允许状态;此灯熄灭表示系统处于自动禁止状态。

喷洒允许灯:绿色,此灯亮表示控制器处于喷洒允许状态,气体灭火设备可以被手动启动或自动联动;此灯灭表示控制器处于喷洒禁止状态,气体灭火设备不能被手动启动或自动联动。

喷洒请求灯:红色,当系统中有气体灭火设备处于延时启动阶段时,此灯点亮,当控制器向气体灭火设备发出启动命令后,此灯熄灭。

喷洒启动灯:红色,此灯亮表示控制器已向气体灭火设备发出启动命令。

气体喷洒灯:红色,此灯亮表示控制器接收到气体灭火设备反馈信号。

故障灯:黄色,此灯亮表示控制器检测到外部设备(探测器、模块或火灾显示盘)有故障,或控制器本身出现故障,具体信息见液晶显示。故障排除后,按"复位"键此灯熄灭。

系统故障灯:黄色,当系统存储器发生故障或系统程序无法正常运行时,此灯点亮,以提示用户立即对控制器进行修复。

声光警报器故障灯:黄色,当系统中有声光警报器处于故障状态时,此灯点亮。

声光警报器屏蔽:黄色,当系统中存在被屏蔽的声光警报器时,此灯点亮。

火警传输故障/屏蔽灯:黄色,当系统中的火警传输设备发生故障时,该灯闪亮,若火警传输设备被屏蔽,则该灯保持常亮。

5.4.2 火灾探测器

火灾探测器是消防火灾自动报警系统中,对现场进行探查,发现火灾的设备。火灾探测器是系统的"感觉器官",它的作用是监视环境中有没有火灾的发生。一旦有了火情,就将火灾的特征物理量,如温度、烟雾、气体和辐射光强等转换成电信号,并立即动作向火灾报警控制器发送报警信号。

1. 烟感探头探测器

烟感探头有离子感烟式、光电感烟式、红外光束感烟式等几种类型。

(1) 离子感烟式探测器

它是在电离室内含有少量放射性物质,可使电离室内空气成为导体,允许一定电流在两个电极之间的空气中通过,射线使局部空气成电离状态,经电压作用形成离子流,这就给电离室一个有效的导电性。当烟粒子进入电离化区域时,它们由于与离子相接合而降低了空气的导电性,形成离子移动的减弱。当导电性低于预定值时,探测器发出警报。

(2) 光电感烟探测器

它是利用起火时产生的烟雾能够改变光的传播特性这一基本性质而研制的。根据烟粒子对光线的吸收和散射作用。光电感烟探测器又分为遮光型和散光型两种。根据接入方式和电池供电方式等的不同,又可分为联网型烟感,独立型烟感,无线型烟感。

(3) 红外光束感烟探测器

它是对警戒范围内某一线状窄条周围烟气参数响应的火灾探测器。它同前面两种典型感烟探测器的主要区别在于线型感烟探测器将光束发射器和光电接收器分为两个独立的部分,使用时分装相对的两处,中间用光束连接起来。红外光束感烟探测器又分为对射型和反射型两种。感烟式火灾探测器适宜安装在发生火灾后产生烟雾较大或容易产生阴燃的场所;它不宜安装在平时烟雾较大或通风速度较快的场所。

2. 感温探测器

感温火灾探测器(简称温感)主要是利用热敏元件来探测火灾的。在火灾初始阶段,一方面有大量烟雾产生,另一方面物质在燃烧过程中释放出大量的热量,周围环境温度急剧上升。探测器中的热敏元件发生物理变化,响应异常温度、温度速率、温差,从而将温度信号转变成电信号,并进行报警处理。

感温火灾探测器一般由感温元件、电路与报警器三大部分组成。以感温元件不同分为定温式、差动式、定温差动式感温火灾报警器三种类型,感温面积一般为 30~40 m²。

3. 极早期火灾探测器

极早期火灾探测器又称空气采样火灾探测器,这种探测器极早期火灾探测器。它可分为单管型、双管型、四管型(多管型),根据环境要求不同选用不同规格的极早期火灾探测器。从工作原理上又分成云雾室型和光电式。一般具有以下特点:灵敏的探测能力(能在烟产生之前发现火灾的存在);先进的火灾探测手段,适用于任何环境,低廉的维护成本,不受任何环境因素的影响造成误报。

5.5 气体灭火系统

气体灭火系统是指平时灭火剂以液体、液化气体或气体状态存贮于压力容器内,灭火时以气体(包括蒸汽、气雾)状态喷射作为灭火介质的灭火系统。并能在防护区空间内形成各方向均一的气体浓度,而且至少能保持该灭火浓度达到规范规定的浸渍时间,实现扑灭该防护区的空间、立体火灾。

气体灭火控制器专用于气体自动灭火系统中,融自动探测、自动报警、自动灭火为一体的控制器,气体灭火控制器可以连接感烟、感温火灾探测器,紧急启停按钮,手自动转换开关,气体喷洒指示灯,声光警报器等设备,并且提供驱动电磁阀的接口,用于启动气体灭火设备。

气体灭火系统由储存瓶组、启动瓶组、储存瓶组架、液流单向阀、集流管、选择阀、截止阀、三通、异径三通、弯头、异径弯头、法兰、安全阀、压力信号发送器、管网、喷嘴、药剂、火灾探测器、气体灭火控制器、声光报器、警铃、放气指示灯、紧急启动/停止按钮、阀驱动装置等组成。

启动方式分为自动、手动、机械应急手动和紧急启动/停止四种控制方式。

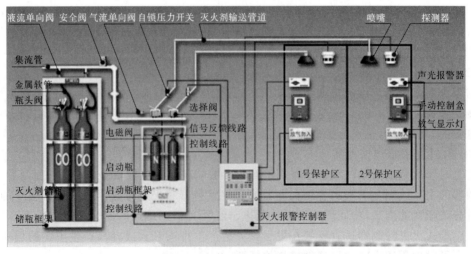

图 5-2 气体灭火系统原理图

（1）手动控制：将气体灭火控制器上控制方式选择键，拨到"手动"位置时，灭火系统处于手动控制状态。当保护区发生火情，可按下紧急启停按钮或控制器上启动按钮，即可按规定程序启动灭火系统释放灭火剂，实施灭火。在自动控制状态，仍可实现电气手动控制。

（2）自动控制：将气体灭火控制器上控制方式选择键，拨到"自动"位置时，灭火系统处于自动控制状态，当保护区发生火情，火灾探测器发出火灾信号，报警灭火控制器即发出声、光报警信号，同时发出联动指令，关闭联锁设备，经过一段延时时间，发出灭火指令，打开电磁阀释放启动气体，启动气体通过启动管道打开相应的选择阀和容器阀（瓶头阀），释放灭火剂，实施灭火。

（3）机械应急手动操作：当保护区发生火情，控制器不能发出灭火指令时，应通知有关人员撤离现场，关闭联动设备，然后拔出相应启动瓶组启动阀上的手动保险夹卡片，压下手柄即可打开启动阀，释放启动气体，即可打开选择阀、容器阀（瓶头阀）、释放灭火剂，实施灭火。如此时遇上启动阀维修或启动钢瓶中启动气体压力不够不能工作时，这时应首先打开相对应灭火区域的选择阀手柄，敞开压臂，打开选择阀，然后打开该区域的容器阀（瓶头阀）上的手动手柄开启容器阀（瓶头阀），释放灭火剂，实施灭火。

（4）紧急启停：在延时时间内发现有异常情况，不需启动灭火系统进行灭火时，可按下手动控制盒或气体灭火控制器的紧急停止按钮，即可阻止控制器灭火指令的发出。

气体灭火系统自动启动原理如图 5-3 所示。

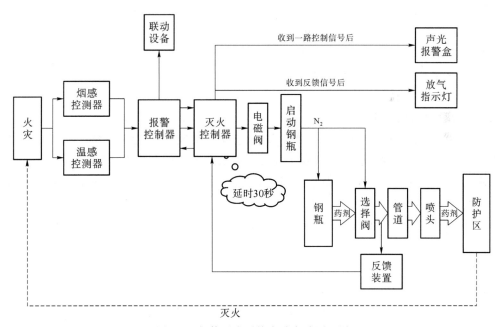

图 5-3　气体灭火系统自动启动原理图

5.5.1　常见气体分类

1．七氟丙烷

七氟丙烷（HFC—227ea）自动灭火系统是一种高效能的灭火设备，其灭火剂 HFC—227ea

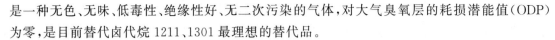

是一种无色、无味、低毒性、绝缘性好、无二次污染的气体,对大气臭氧层的耗损潜能值(ODP)为零,是目前替代卤代烷 1211、1301 最理想的替代品。

2. 混合气体

混合气体灭火剂是由氮气、氩气和二氧化碳气体按一定的比例混合而成的气体,这些气体都是在大气层中自然存在的,对大气臭氧层没有损耗,也不会对地球的"温室效应"产生影响,而且混合气体无毒、无色、无味、无腐蚀性、不导电,既不支持燃烧,又不与大部分物质产生反应,是一种十分理想的环保型灭火剂。

5.5.2 探火管灭火系

探火管感温自启动灭火装置简单可靠、灭火及时的独立探火/灭火装置,简称"探火管灭火装置"。该类灭火装置采用柔性可弯曲的探火管作为火灾的探测报警部件,同时这种探火管还可以兼作灭火剂的输送及喷放管道。探火管可以很方便地布置到每一个潜在的着火源的最近处,一旦发生火灾,探火管受热破裂,立即释放灭火剂灭火。

5.5.3 消防给水设备

消防给水设备包括消火栓灭火系统、自动喷水灭火系统、水幕系统、雨淋系统等,主要由消防主泵、消防备用泵、稳压泵组、气压罐、压力传感器、控制柜等组成。平时由稳压泵组将管网压力稳定在设定值,火灾时消防主泵自动启动灭火。

消防主泵发生故障时,消防备用泵自动投入运行。带有双电源切换装置,当主电发生故障时,可自动切换备用电源。

1. 自动喷水灭火系统

自动喷水灭火系统由洒水喷头、报警阀组、水流报警装置(水流指示器或压力开关)等组件,以及管道、供水设施组成,并能在发生火灾时喷水的自动灭火系统。由湿式报警阀组、闭式喷头、水流指示器、控制阀门、末端试水装置、管道和供水设施等组成。系统的管道内充满有压水,一旦发生火灾,喷头动作后立即喷水。

依照采用的喷头分为两类:采用闭式洒水喷头的为闭式系统;采用开式洒水喷头的为开式系统。

2. 水幕系统

水幕系统,也称水幕灭火系统,是由水幕喷头、雨淋报警阀组或感温雨淋阀、供水与配水管道、控制阀及水流报警装置等组成的主要起阻火、冷却、隔离作用的自动喷水灭火系统。由于水幕喷头将水喷洒成水帘状,所以说水幕系统不是直接用来灭火的,其作用是冷却简易防火分隔物(如防火卷帘、防火幕),提高其耐火性能,或者形成防火水帘阻止火焰穿过开口部位,防止火势蔓延。

3. 雨淋灭火系统

雨淋灭火系统是由火灾探测系统、开式喷头、传动装置、喷水管网、雨淋阀等组成。发生火灾时,系统管道内给水是通过火灾探测系统控制雨淋阀来实现的,并设有手动开启阀门装置。发生火灾时,探测器启动,并向控制箱发出报警信号。报警箱接到信号后,经过确认,发出指令,打开雨淋阀,使整个保护区内的开式喷头喷水冷却或灭火;同时,压力开关和水力警铃以声光警报作反馈指示。

5.6 闭 式 系 统

闭式系统的类型较多,基本类型包括湿式、干式、预作用及重复启闭预作用系统。

5.6.1 湿式系统

1. 工作原理

火灾发生的初期,建筑物的温度随之不断上升,当温度上升到以闭式喷头温感元件爆破或熔化脱落时,喷头即自动喷水灭火。该系统结构简单,使用方便、可靠,便于施工,容易管理,灭火速度快,控火效率高,比较经济,适用范围广,占整个自动喷水灭火系统的 75% 以上,适合安装在能用水灭火的建筑物、构筑物内。

2. 湿式系统使用范围

在环境温度不低于 4 ℃、不高于 70 ℃的建筑物和场所(不能用水扑救的建筑物和场所除外)都可以采用湿式系统。该系统局部应用时,适用于室内最大净空高度不超过 8 m、总建筑面积不超过 1 000 m² 的民用建筑中的轻危险级或中危险级Ⅰ级需要局部保护的区域。

3. 湿式系统特点

(1)结构简单,使用可靠;

(2)系统施工简单、灵活方便;

(3)灭火速度快、控火效率高;

(4)系统投资省,比较经济;

(5)适用范围广。

湿式报警阀组如图 5-4 所示。

图 5-4 湿式报警阀组

5.6.2 干式系统

准工作状态时配水管道内充满用于启动系统的有压气体的闭式系统。

1. 工作原理

干式系统与湿式类似只是控制信号阀的结构和作用原理不同,配水管网与供水管间设置干式控制信号阀将它们隔开,而在配水管网中平时充满着有压力气体用于系统的启动。发生火灾时,喷头首先喷出气体,致使管网中压力降低,供水管道中的压力水打开控制信号阀而进入配水管网,接着从喷头喷出灭火。不过该系统需要多增设一套充气设备,一次性投资高、平时管理较复杂、灭火速度较慢。

2. 干式系统适用范围

干式系统适用于环境温度低于 4 ℃和高于 70 ℃的建筑物和场所,如不采暖的地下车库、冷库等。

3. 干式系统特点

(1)干式系统,在报警阀后的管网内无水,故可避免冻结和水气化的危险,不受环境温度的制约,可用于一些无法使用湿式系统的场所。

(2)比湿式系统投资高。因需充气,增加了一套充气设备而提高了系统的造价。

(3)干式系统的施工和维护管理较复杂,对管道的气密性有较严格的要求,管道平时的气压应保持在一定的范围,当气压下降到一定值时,就需进行充气。

(4)比湿式系统喷水灭火速度慢,因为喷头受热开启后,首先要排出管道中的气体,然后再出水,这就延误了时机。

4. 预作用系统

准工作状态时配水管道内不充水,由火灾自动报警系统自动开启雨淋报警阀后,转换为湿式系统的闭式系统。

适于如下场所:

(1)系统处于准工作状态是严禁管道漏水;

(2)严禁系统误喷;

(3)替代干式系统。

5. 重复启闭预作用系统

能在扑灭火灾后自动关阀、复燃时再次开阀喷水的预作用系统。适用于灭火后必须及时停止喷水的场所。

目前这种系统有两种形式:一种是喷头具有自动重复启闭的功能,另一种是系统通过烟、温感传感器控制系统的控制阀来实现系统的重复启闭功能。

干式报警阀组如图 5-5 所示。

图 5-5 干式报警阀组

5.6.3 预作用系统

准工作状态时配水管道内不充水,由火灾自动报警系统自动开启雨淋报警阀后,转换为湿式系统的闭式系统。

适于如下场所：

（1）系统处于准工作状态是严禁管道漏水；

（2）严禁系统误喷；

（3）替代干式系统。

重复启闭预作用系统：能在扑灭火灾后自动关阀、复燃时再次开阀喷水的预作用系统。适用于灭火后必须及时停止喷水的场所。

目前这种系统有两种形式：一种是喷头具有自动重复启闭的功能；另一种是系统通过烟、温感传感器控制系统的控制阀来实现系统的重复启闭功能。

预作用报警阀组如图 5-6 所示。

图 5-6　预作用报警阀组

5.7　开 式 系 统

采用开式洒水喷头的自动喷水灭火系统，包括：雨淋系统、水幕系统和雨淋系统。

由火灾自动报警系统或传动管控制，自动开启雨淋报警阀和启动供水泵后，向开式洒水喷头供水的自动喷水灭火系统，亦称开式系统。应采用雨淋系统的场所详见《自动喷水灭火系统设计规范》（GB 50084—2001）4.2.5 条。

水幕系统由开式洒水喷头或水幕喷头、雨淋报警阀组或感温雨淋阀，以及水流报警装置（水流指示器或压力开关）等组成，用于挡烟阻火和冷却分隔物的喷水系统。

1. 细水雾灭火系统

（1）高压细水雾灭火系统的灭火机理

高效冷却作用：由于细水雾的雾滴直径很小，普通细水雾系统雾粒直径 $10\sim100~\mu m$，在气化的过程中，从燃烧物表面或火灾区域吸收大量的热量。按 $100~℃$ 水的蒸发潜热为 $2~257~kJ/kg$ 计，每只喷头喷出的水雾（喷水速度 $0.133~L/s$）吸热功率约为 $300~kW$。实验证明直径越小，水雾单位面积的吸热量越大，雾滴速度越快，直径越小，热传速率越高。

窒息作用：细水雾喷入火场后，迅速蒸发形成蒸汽，体积急剧膨胀 $1~700\sim5~800$ 倍，降低氧体积分数，在燃烧物周围形成一道屏障阻挡新鲜空气的吸入。随着水的迅速气化，水蒸气含量将迅速增大，同时氧含量在火源周围空间减小到 $16\%\sim18\%$ 时，火焰将被窒息。另外火场外非燃烧区域雾滴不气化，空气中氧气含量不改变，不会危害人员生命。

阻隔辐射热作用：高压细水雾喷入火场后，蒸发形成的蒸汽迅速将燃烧物、火焰和烟雾笼罩，对火焰的辐射热具有极佳的阻隔能力，能够有效抑制辐射热引燃周围其他物品，达到防止火焰蔓延的效果。水雾对辐射的衰减作用还可以用来保护消防队员的生命。

稀释、乳化、浸润作用：颗粒大冲量大的雾滴会冲击到燃烧物表面，从而使燃烧物得到浸湿，阻止固体挥发可燃气体的进一步产生，达到灭火和防止火灾蔓延的目的。另外，高压细水雾还具有洗涤烟雾、废气的作用、对液体的乳化和稀释作用等。

（2）高压细水雾灭火系统特点

安全环保：以水为灭火剂的物理灭火，对环境、保护对象、保护区人员均无损害和污染。

高效灭火:冷却速度比一般喷淋系统快 100 倍。高压细水雾还具有穿透性,可以解决全淹没和遮挡的问题,还可以防止火灾的复燃。

净化作用:能净化烟雾和废气,有利于人员安全疏散和消防人员的灭火救援工作。

屏蔽辐射热:对热辐射有很好的屏蔽作用,达到防止火灾蔓延、迅速控制火势的效果。

水渍损失小:用水量仅为水喷淋系统的 1%～5%,避免了大量的排水对设备的损坏和对环境的二次污染。

电绝缘性好:可有效扑救带电设备火灾。

可靠性高:系统安装完成后可对系统进行模拟检验,以增加系统动作的可靠性。

系统寿命长:所用泵组、阀门和管件均采用耐腐蚀材料,系统寿命可长达 30(60)年。

配制灵活:可局部使用,保护独立的设施或设施的某一部分;作为全淹没系统,保护整个空间。

安装简便:相对于传统的灭火系统而言,管道管径小,仅为 10～32mm,使安装费用相应降低。

维护方便:仅以水为灭火剂,在备用状态下为常压,日常维护工作量和费用大大降低。

(3)高压细水雾灭火系统适用范围

高压单流体细水雾灭火系统适用于扑救 A 类、B 类、C 类和电气类火灾。由于它先进的灭火机理,其使用基本不受场所的限制,在陆地、海洋、空间均可应用。尤其是对高危险场合的局部保护和对密闭空间的保护特别有效。

泵组式高压细水雾开式系统示意图,如图 5-7 所示。

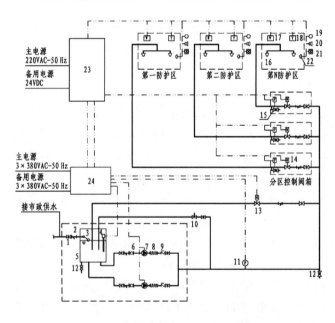

图 5-7　泵组式高压细水雾开式系统示意图

2. 泡沫灭火系统

完整的泡沫灭火系统由消防泵、泡沫贮罐、比例混合器、泡沫产生装置、阀门及管道、电气控制装置组成。泡沫灭火系统按泡沫液的发泡倍数的不同分低倍数、中倍数及高倍泡沫灭火系统。泡沫灭火系统泡包括：泡沫罐、高倍数泡沫发生器、隧道用"泡沫消火栓箱"、网形低倍泡沫喷头、筒形低倍泡沫喷头、泡沫枪、泡沫消火栓箱、低倍泡沫产生器、泡沫消火栓、等全套产品组成。

5.8 防排烟系统

防排烟系统，都是由送排风管道、管井、防火阀、门开关设备、送、排风机等设备组成。防烟系统设置形式楼梯间正压。机械排烟系统的排烟量与防烟分区有着直接的关系。高层建筑的防烟设施应分为机械加压送风的防烟设施和可开启外窗的自然排烟设施。

防排烟系统是防烟系统和排烟系统的总称。防烟系统采用机械加压送风方式或自然通风方式，防止烟气进入疏散通道的系统；排烟系统采用机械排烟方式或自然通风方式，将烟气排至建筑物外的系统。

5.8.1 机械防排烟系统

机械防排烟系统，都是由送排风管道、管井、防火阀、门开关设备、送、排风机等设备组成。防烟系统设置形式楼梯间正压。机械排烟系统的排烟量与防烟分区有着直接的关系。

5.8.2 自然防排烟系统

防烟楼梯间前室或合用前室，利用敞开的阳台、凹廊或前室内不同朝向的可开启外窗自然排烟时，该楼梯间可不设排烟设施。利用建筑的阳台、凹廊或在外墙上设置便于开启的外窗或排烟进行无组织的自然排烟方式。

自然排烟应设于房间的上方，宜设在距顶棚或顶板下 800 mm 以内，其间距以排烟口的下边缘计。自然进风应设于房间的下方，设于房间净高的 1/2 以下。其间距以进风口的上边缘计。内走道和房间的自然排烟口，至该防烟分区最远点应在 30 m 以内。自然排烟窗、排烟口中、送风口应设开启方便、灵活的装置。

5.8.3 事故排风系统

气体灭火系统灭火后的防护区应通风换气，地下防护区和无窗或设固定窗扇的地上防护区，应设置机械排风装置，排风口宜设在防护区的下部并应直通室外。通信机房、电子计算机房等场所的通风换气次数应不少于每小时 5 次。

5.9 疏 散 指 示

疏散指示标志的合理设置，对人员安全疏散具有重要作用，国内外实际应用表明，在疏散走道和主要疏散路线的地面上或靠近地面的墙上设置发光疏散指示标志，对安全疏散起到很好的作用,可以更有效地帮助人们在浓烟弥漫的情况下,及时识别疏散位置和方向,迅速沿发光疏散指示标志顺利疏散,避免造成伤亡事故。

安全出口或疏散出口的上方、疏散走道应设有灯光疏散指示标志。

疏散指示标志的方向指示标志图形应指向最近的疏散出口或安全出口;

灯光疏散指示标志可采用蓄电池作备用电源,其连续供电时间不应少于 20 分钟。

5.10　灭　火　器

灭火器是一种可携式灭火工具。灭火器内放置化学物品,用以救灭火灾。灭火器是常见的防火设施之一,存放在公众场所或可能发生火灾的地方,不同种类的灭火器内装填的成分不一样,是专为不同的火灾起因而设。使用时必须注意以免产生反效果及引起危险。

灭火器的种类很多,按其移动方式可分为:手提式和推车式;按驱动灭火剂的动力来源可分为:储气瓶式、储压式、化学反应式;按所充装的灭火剂则又可分为:泡沫、干粉、卤代烷、二氧化碳、清水等。

1. 泡沫灭火器

适用场合:可用来扑灭 A 类火灾,如木材、棉布等固体物质燃烧引起的失火;最适宜扑救 B 类火灾,如汽油、柴油等液体火灾;不能扑救水溶性可燃、易燃液体的火灾(如:醇、酯、醚、酮等物质)和 E 类(带电)火灾。

原理:泡沫灭火器灭火时能喷射出大量二氧化碳及泡沫,它们能黏附在可燃物上,使可燃物与空气隔绝,达到灭火的目的。

2. 干粉灭火器

适用范围:适用于扑救一般 B 类火灾,如油制品、油脂等火灾,也可适用于 A 类火灾,但不能扑救 B 类火灾中的水溶性可燃、易燃液体的火灾,如醇、酯、醚、酮等物质火灾;也不能扑救带电设备及 C 类和 D 类火灾。

原理:干粉灭火器内充装的是干粉灭火剂。干粉灭火剂是用于灭火的干燥且易于流动的微细粉末,由具有灭火效能的无机盐和少量的添加剂经干燥、粉碎、混合而成微细固体粉末组成。利用压缩的二氧化碳吹出干粉(主要含有碳酸氢钠)来灭火。

3. 二氧化碳灭火器

适用场合:适用于扑救易燃液体及气体的初期火灾,也可扑救带电设备的火灾。常应用于实验室、计算机房、变配电所,以及对精密电子仪器、贵重设备或物品维护要求较高的场所。

原理:灭火器瓶体内贮存液态二氧化碳,工作时,当压下瓶阀的压把时。内部的二氧化碳灭火剂便由虹吸管经过瓶阀到喷筒喷出,使燃烧区氧的浓度迅速下降,当二氧化碳达到足够浓度时火焰会窒息而熄灭,同时由于液态二氧化碳会迅速气化,在很短的时间内吸收大量的热量,因此对燃烧物起到一定的冷却作用,也有助于灭火。推车式二氧化碳灭火器主要由瓶体、器头总成、喷管总成、车架总成等几在部分组成,内装的灭火剂为液态二氧化碳灭火剂。

4. 水基型灭火器

适用场合:适用于扑救易燃固体或非水溶性液体的初期火灾,可扑救带电设备的火灾。是木竹类、织物、纸张及油类物质的开发加工、贮运等场所的消防必备品。

原理:通过内部装有 AFFF 水成膜泡沫灭火剂和氮气产生的泡沫喷射到燃料表面,泡沫层析出的水在燃料表面形成一层水膜,使可燃物与空气隔绝。

灭火器使用年限报废对应表,如表 5-1 所示。

表 5-1　灭火器使用年限报废对应表

灭火器类型		报废期限(年)
水基型灭火器	手提式水基型灭火器	6
	推车式水基型灭火器	
干粉灭火器	手提式(贮压式)干粉灭火器	10
	手提式(储气瓶式)干粉灭火器	
	推车式(贮压式)干粉灭火器	
	推车式(储气瓶式)干粉灭火器	
洁净气体灭火器	手提式洁净气体灭火器	
	推车式洁净气体灭火器	
二氧化碳灭火器	手提式二氧化碳灭火器	12
	推车式二氧化碳灭火器	

5.11　消防设计图常用符号

消防常用符号如图 5-2 所示。

表 5-2　消防常用符号

名称	图形	名称	图形
手提式灭火器	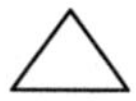	灭火设备安装处所	
推车式灭火器		控制和指示设备	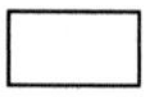
固定式灭火系统(全淹没)	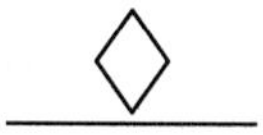	报警息动	
固定式灭火系统(局部应用)		火灾报警装置	
固定式灭火系统(指出应用区)		消防通风口	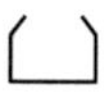

消防工程辅助符号如表 5-3 所示。

表 5-3 消防工程辅助符号

名称	图形	名称	图形
水	 ⊗	阀门	 ▷◁
手动启动	 Y	泡沫或泡沫液	●
出口	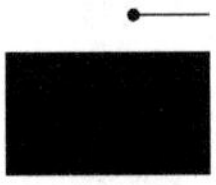 ■	电铃	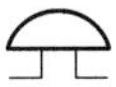 ⌒
无水	■	入口	 ←
发声器	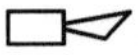 ◁	BC 类干粉	⊠
热	┃	扬声器	 ■
ABC 类干粉	■	烟	 ■
电话	 ⌂	卤代烷	△
火焰	∧	光信号	⬮
二氧化碳	▲	易爆气体	◄

消防工程灭火器符号如表 5-4 所示。

表 5-4 消防工程灭火器符号

名称	图形	名称	图形
清水灭火器	 ⊗	卤代烷灭火器	 △
推车式 ABC 类干粉灭火器	 ▲	泡沫灭火器	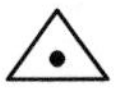 △
二氧化碳灭火器	 ▲	推车式卤代烷灭火器	 ■
BC 类干粉灭火器	 ⊠	推车式泡沫灭火器	 △
水桶	⊖	ABC 类干粉灭火器	▲
推车式 BC 类干粉灭火器	 ⊠	沙桶	⊖

消防管路及配件符号如表 5-5 所示。

表 5-5 消防管路及配件符号

名称	图形	名称	图形
干式立管	◎	消防水管线	—FS—
干式立管	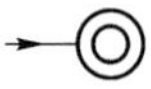 →◎	消防水罐（池）	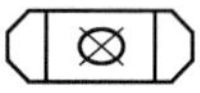 ⬭⊗
干式立管	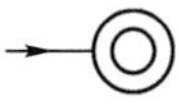 →◎	泡沫混合液管线	—FP—
报警阀		干式立管	
消火栓	◑	开式喷头	▽
干式立管		消防泵	
闭式喷头	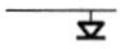 立	干式立管	 ◎▷
泡沫比例混合器	 ▶◀	水泵结合器	 →
湿式立管	 ⊗	泡沫产生器	▷●
泡沫混合器立管	 ●	泡沫液管	 ⬭●

消防工程固定灭火器系统符号如表 5-6 所示。

表 5-6 消防工程固定灭火器系统符号

名称	图形	名称	图形
水灭火系统（全淹没）	 ◈	ABC 类干粉灭火系统	 ◆■
手动控制灭火系统	 ◇	泡沫灭火系统（全淹没）	 ◆●
卤代烷灭火系统	 ◬	BC 类干粉灭火系统	 ◈⊗
二氧化碳灭火系统	 ◮		

消防工程灭火设备安装处符号如表 5-7 所示。

表 5-7　消防工程灭火设备安装处符号

名称	图形	名称	图形
二氧化碳瓶站		ABC 干粉罐	
泡沫罐站		BC 干粉灭火罐站	
消防泵站			

消防工程自动报警设备符号如表 5-8 所示。

表 5-8　消防工程自动报警设备符号

名称	图形	名称	图形
消防控制中心		火灾报警装置	
温感探测器		感光探测器	
手动报警装置		烟感探测器	
气体探测器		报警电话	
火灾警铃		火灾报警扬声器	
火灾报警发声器		火灾光信号装置	

第6章

数据中心安防系统

数据中心是信息化建设的重要基础设施,是一项综合性技术工程。而安全运维又是数据中心整体运作的前提,因此,数据中心的安全防范系统设计至关重要。安防专业的作用就在于通过对数据中心内的安防基础设施进行巡视、调试及维修以确保数据中心安全防范系统能够安全稳定的持续运行,这也是安防专业的责任所在。

安全防范系统包括:视频安防监控系统、出入口控制管理系统、入侵报餐系统、电子巡更系统、安防集成管理系统等。

6.1 安防系统设计思路与概述

6.1.1 数据中心安防系统的总体规划

数据中心的综合安防系统的设计应分层次、采用多种技防手段并结合数据中心的使用及发展需要进行设计,建成的综合安防系统要适应新一代数据中心管理模式要求,在确保系统高可靠性的同时,提高管理效率,使数据中心的工作环境更加安全可靠。

1. 安全防范系统的设计原则

(1)满足安全性、可靠性、可维护性。

(2)满足先进性、兼容性、可扩展性、经济性、适用性。

(3)人员防范、物理防范、技术防范相结合。

(4)根据被防护对象重要性的不同采取相应的技术防范措施;系统的防护级别与被防护对象的风险等级相对应。

(5)多种技术防范措施相结合。

(6)独立性,集中管理。各子系统独立运行,互不影响。通过信息共享、信息处理和控制互联实现各子系统的集中控制和管理。

2. 安全防范系统的组成

安全防范系统包括视频安防监控系统、出入口控制管理系统、入侵报餐系统、电子巡更系统、安防集成管理系统等。

3. 数据中心的安防系统设计

数据中心的安防系统设计首先要严格遵守国家相关法规、标准、规范及当地技防办的相关要求。其次数据中心还需要建立多层次、立体化的综合安防系统。从防止罪犯入侵的过程上讲,综合安防系统要提供以下三层保护:外部侵入保护;重要区域保护;特定目标保护。

绝大多数的数据中心是由多个分区组成的功能区域,根据各个分区使用功能及管理的实际要求不同以及区域管理的灵活性要求,在功能区域内设置一个综合安防控制总中心的同时,在不同分区内设立区域管理的分控中心。分控中心对本区域的安防各子系统行集中监视、控制和管理,总控中心可以控制、管理、调用分控中心的信息。另外根据需要,应急指挥中心ECC 可调用相关安防系统信息(如视频信息等)。

6.1.2 数据中心安防系统的网络规划设计

随着分区智能化的发展,新一代数据中心的综合安防系统的各子系统均采用基于 TCP/IP 平台的系统。为了保证数据中心综合安防系统安全、高效、稳定,搭建一套高可靠性安防专网十分重要。

1. 网络带宽设计

综合安防系统中的视频传输对链路带宽的要求较高,链路带宽设计时,在流量计算的基础上,应考虑预留 30% 的余量应对突发状况。

2. 冗余能力设计

而冗余设计是网络可靠性设计最常用的方法。冗余设计包括链路冗余、交换机(路由器)冗余、电源系统冗余、服务器冗余、软件冗余等。

链路冗余,链路冗余设计考虑以下要点:在网络链路中断时,启用冗余链路。

冗余链路在保证链路备份的同时,适当考虑负载平衡,核心层采用链路聚合技术。

交换机冗余核心层除了采用链路冗余,采用两台核心交换机组成双核心也有效避免了核心层出现单点故障的现象。可根据需要采用传统的双机方式(通常采用配置 VRRP 协议)或集群交换机技术(CSS)实现核心节点双机冗余设计。

硬件架构冗余,在选用核心交换机时,也充分考虑了交换机自身硬件架构的冗余能力,包括交换网冗余、管理引擎冗余、电源冗余、风扇冗余等,尽可能降低单一故障点带来的风险。

6.1.3 视频监控系统的设计

数据中心数字视频监控系统的总体功能是有效地、真实地记录各摄像点的现场情况,保存高质量的录像回放资料,便于有关部门的随时查询,出现紧急状况时为警方的接处警或为管理方提供重要信息和资料。

系统主要由摄像机设备、视频传输网络、管理控制设备等组成。

所有前端摄像机建议使用不低于 720P 的网络摄像机,部分重要区域可采用 1080P 网络摄像机,网络摄像机支持 POE 功能,室外摄像机要做好防雷保护。

安防专网负责视频及控制信号的传输工作,系统的前端网络摄像机采用集中供电,针对一些距离网络交换机不超过 80 m 范围可采用 POE 供电。监控系统主要设备供电(如 POE 交换机、各类服务器、存储单元等)采用 UPS 供电。

管理控制设备主要有中央管理服务器、视频存储管理服务器、扩展存储、高清视频解码器或解码矩阵、主(分)控终端、显示设备等。

其中视频存储时间计算:一般区域摄像机视频信号需要存储不少于 30 天,重要的区域(如核心机房区等)根据需要或管理要求存储不少于 60 或 90 天。

存储容量计算公式如下:

所需容量(T)=路数×天数×24 h×3 600 s×码流×(CBR 影响系数)÷8÷1024÷1024

其中码流按数字高清摄像机(以 1080P 为例)格式存储为 8 Mbit/s。

CBR 影响系数,考虑到码流波动、硬盘格式化损耗、SD 缓存补录因素等应为 1:2。

高清视频器或解码矩阵实现流媒体数据的解码,将高清视频信号输出到显示设备上,显示设备目前较多采用液晶拼接屏作为视频的大屏幕显示设备。

视频监控系统构架图如图 6-1 所示。

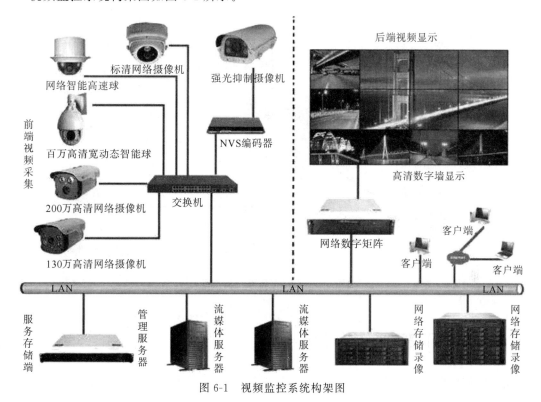

图 6-1 视频监控系统构架图

6.1.4 入侵报警系统的设计

入侵报警系统可以自动地将监测现场内各处发生的非法侵入信息,迅速地传送至值班室或控制中心,值班管理人员可实时地对各监视区域进行集中监视,发现情况及时处理。

入侵报警系统由前端探测器、报警控制中心系统组成,负责功能区域周界、分区内各个点、线、面和区域的侦测任务。

功能区域围墙上设置电子围栏或设置埋地震动探测线缆,分区内部安装红外探测器、双鉴探测器、紧急按钮等各类探测器组成,负责探测非法入侵行为,同时向报警控制中心发出报警信号,报警探测器具备防拆、短路和断路报警功能。

报警探测器接入防区模块通过总线方式与报警主机相连,报警主机通过串口协议或TCP/IP协议与各控制中心报警管理计算机进行通信。

控制部分包括报警控制主机和配有报警控制管理软件的计算机,报警控制主机将接收到的信号传送到控制计算机,由软件提供包括电子地图显示、报警联动、系统集成等功能,控制中心设报警显示屏。系统应能实时显示报警区域和报警时间并发出声光报警,能自动记录保存报警并打印相关信息,系统备有报警接口、开关信号输出、能与其他的安防系统联动,提高系统的安全防范等级。

利用报警管理软件或控制键盘,可对系统进行布撤防、旁路等操作,可控制前端设备状态的恢复。

入侵报警系统构架图如图6-2所示。

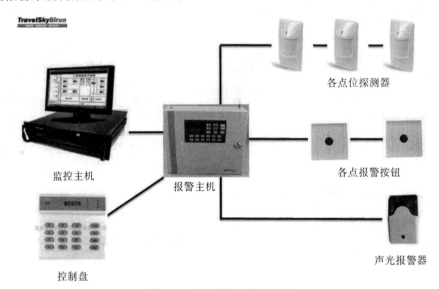

图 6-2　入侵报警系统构架图

6.1.5　出入口控制系统的设计

出入口控制系统以主动的防范方式为传统的视频监控,入侵报警等被动的安防方式提供了补充,从而提高了综合安防的能力。

出入口控制系统一般包含以下三层结构。

管理层:门禁核心服务器、工作站、平台管理软件、发卡系统、证卡打印机等。

控制层:TCP/IP门禁网络控制器、门禁控制器模块、消防联动模块等硬件控制、信息储存处理或传递层。通过TCP/IP协议与管理服务器、工作站进行通信。

现场设备层:非接触式读卡器、门磁、电控锁、消防逃生锁、出门按钮、紧急按钮以及其他设备(含控制器电源、电锁电源)等。

系统管理层设备设于总控中心和分控控制中心,系统具备记录、打印、储存和报警等功能,系统结构采用C/S、B/S或C/S+B/S的方式,采用统一的数据库,通过不同的授权,可实现对分布式系统的管理,可以通过OPC,DLL,ODBC等接口方便与其他系统进行对接。

系统支持分区域进行管理,通过系统超级管理员设置多个分控操作员,并授予分控操作员相应的权限,由超级管理员设定好不同发卡中心管理员账号和其所能管理的门禁管制区域,分控管理员具有授予相应区域门禁权限。门禁系统设计时应考虑当门禁点所属区域规划有变化时,在不改变线路的情况下通过调整设置即可进行门禁点管辖归属的实现方式。

出入口控制系统可以实现人员出入权限控制、出入时间段控制及出入信息记录,实时反映监控门、通道闸机状态,并具有多门互锁、防劫持、防反转、防尾随、门常开/常闭时间段设置等功能。如实记录相关信息,能与报警系统、监控系统、访客管理系统、消防报警系统等联动。系统软件可随时查询、统计、打印、分析出入信息档案,具有动态电子地图等功能。

门禁系统构架图如图 6-3 所示。

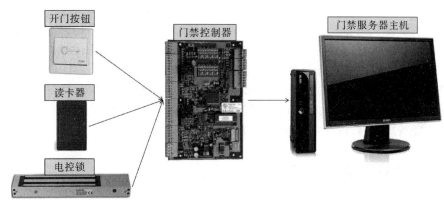

图 6-3　门禁系统构架图

6.1.6　电子巡更子系统设计

目前的巡更系统包括两种实现方式,无线巡更及在线巡更方式。在系统设计时,可以根据数据中心管理模式需要进行选择。

无线巡更方式由巡检器、专用通信座、巡更按钮、管理计算机等设备组成。在保安巡查路线沿途设置若干巡更点,保安人员按照规定路线巡逻时使用手持巡检器依次读取巡更点。通过专用通信座上,数据上传到计算后台管理中心,由智能巡更管理软件自动对该次巡逻任务进行评估,评估保安人员是否按照规定路线、规定时间进行巡逻,并可将评估结论用打印机输出。

在线巡更方式可以在出入口控制系统搭建的基础上,配备相应的巡更软件模块,利用已有门禁读卡器作为巡更设备,或针对重要位置设置专门巡更读卡器来实现,将巡更卡片进行发卡授权,设置成巡更卡类别,巡更卡不能刷卡开门。

巡更系统的主要功能,包括以下几个方面。

(1)巡更路线管理:定义巡更路线,包括巡更点、巡更时间等,可以导出巡更路线信息,也可以利用导入工具对事先定义好的巡更路线批量导入到系统中。

(2)巡更记录历史查询:采用图形化的界面,对查询时间范围内的巡更记录进行显示,采用不同颜色的图形区分正常与否的巡更记录。

(3)巡更实时查询(在线巡更):实时显示当前的每条巡更路线的状况。

(4)巡更记录报表:采用表格形式显示,可以导出。

6.1.7 联合安防系统管理平台(集成系统)设计

为了便于集成管理和集中控制,建议在控制中心建立一套综合安防管理平台,在安防各子系统既能相对独立,履行各自的安全防范功能的同时;又可通过通信接口,交换系统数据信息,实现基于综合管理平台上的集中控制功能。

可以实现对入侵报警系统、数字视频监控系统、出入口控制系统、电子巡更等安防各子系统的集成,并在统一的电子地图中显示出入口控制状态、数字监控系统图像、报警信息和巡更状态,并对各系统状态事件进行记录及打印,并能对来自消防报警系统、分区设备自动化系统等系统的信号作出处理,建立以上各系统之间事件的触发和联动的逻辑关系,并可通过综合安防管理平台向功能区域集成管理平台反馈系统的响应和联动状态。同时,完成与数据中心管理系统必要的数据交换。

综合安防系统管理平台与其对应的安防子系统的集成,通过提供标准接口或协议(如OPC协议、OCX协议或免费开放的SDK软件开发工具包)的方式实现,综合安防系统管理平台的关键接口网关位于平台与各子系统中间,经过协议转换把各子系统不同协议转换为统一的通信协议,形成统一的网络通信平台。同时,综合安防系统管理平台提供标准的通信接口给智能分区集成管理平台,以便功能区域内智能化系统的综合管理。

6.1.8 综合安防系统联动设计

联动分为硬件联动和软件联动。通过综合安防系统管理平台能实现软件联动。软件联动可以为硬件联动提供有效补充。

可以实现的联动包括:入侵报警系统与视频监控系统、出入口控制系统的联动;出入口控制系统与视频监控系统的联动;火灾自动报警系统与视频监视系统联动;火灾自动报警系统与出入口控制系统联动;入侵报警系统与灯光控制系统联动。

6.2 门禁管理系统

门禁管理系统可以控制人员的出入,还可以控制人员在楼内及敏感区域的行为,并准确记录和统计管理数据的数字化出入控制系统。它主要解决了数据中心等重要场所的安全问题。在楼门口、电梯等处安装控制装置,例如门禁控制器、密码键盘等。用户要想进入,必须有卡或输入正确的密码,或按专用生物密码才能获准通过。门禁管理系统可有效管理门的开启与关闭,保证授权人员自由出入,限制未授权人员进入。

6.2.1 门禁组成部分、功能、要求

1. 门禁管理系统的应用要求

(1)可靠性

门禁管理系统以预防损失、预防犯罪为主要目的,因此必须具有极高的可靠性。一个门禁管理系统,在其运行的大多数时间内可能没有警情发生,因而不需要报警。

（2）权威认证

出现警情需要报警的概率一般是很小的，但是如果在这极小的概率内出现报警系统失灵的情况，常常意味着灾难的降临。因此，门禁安防系统在设计、施工、使用的各个阶段，必须实施可靠性设计（冗余设计）和可靠性管理，以保证产品和系统的高可靠性。

另外，在系统的设计、设备选取、调试、安装等环节上都严格执行国家或行业上有关的标准，以及公安部门有关安全技术防范的要求，产品须经过多项权威认证，且具有众多的典型用户，多年正常运行。

（3）安全性

门禁及安防系统是用来保护人员和财产安全的，因此系统自身必须安全。这里所说的高安全性，一方面是指产品或系统的自然属性或准自然属性，应该保证设备、系统运行的安全和操作者的安全，例如：设备和系统本身要能防高温、低温、温热、烟雾、霉菌、雨淋，并能防辐射、防电磁干扰（电磁兼容性）、防冲击、防碰撞、防跌落等，设备和系统的运行安全还包括防火、防雷击、防爆、防触电等；另一方面，门禁及安防系统还应具有防人为破坏的功能，如：具有防破坏的保护壳体，以及具有防拆报警、防短路和开路等。

（4）功能性

随着人们对门禁系统各方面要求的不断提高，门禁系统的应用范围越来越广泛。人们对门禁系统的应用已不局限在单一的出入口控制，而且还要求它应具有多种功能用于智能大厦或智能社区的门禁控制、考勤管理、安防报警、停车场控制、电梯控制、楼宇自控等，还可与其他系统联动控制等多种控制功能。

（5）扩展性

门禁管理系统应选择开放性的硬件平台，具有多种通信方式，为实现各种设备之间的互联和整合奠定良好的基础，另外还要求系统应具备标准化和模块化的部件，有很大的灵活性和扩展性。

2. 门禁系统采用分体式结构

门禁系统采用分体式结构，主要由控制器、读卡器、锁具三部分组成。一般包括：计算机、网络交换机、门禁控制器、电插锁、读取控制器、IC/ID卡读卡器、紧急按钮、门禁电源箱以及其他系统配件。

3. 系统特点

（1）支持多种联接方式，可以通过RS232、RS485、TCP/IP、E1、光纤等多种方式进行自由组网，可以轻松实现Internet互联网远程监控；

（2）应用通信服务器可支持跨网段、跨节点地（不同的联接方式）混合接入；

（3）由于现场门禁控制器全面支持直接的TCP/IP网络联接方式，使系统具有以下独特的优点：可充分利用现有的以太网网络实现门禁系统的通信联接，使得施工方便，缩短了工期；采用快速的TCP/IP双向通信模式，使得刷卡、报警等数据能在100 ms以内迅速上传到管理主机，使数据处理和动作响应非常快；控制器支持动态的端口插入、拔出，系统能实时判断控制器的在线、离线情况，并在主机中反映出来。

4. 防范点设计

门禁设备主要针对建筑物各层电梯前室、步行楼梯前室门、主要通道门以及部分重要办公室，以实现对人员出入进行控制管理。

读卡器安装在门外，门内安装出门按钮，读卡进门，按出门按钮出门。门上安装门磁作为门状态检测装置，以实现门开报警功能。门框上安装电锁作为门禁系统的执行部件。门禁控制器集中安装在大楼各层弱电井，该网络门禁控制器自带网络通信端口，可通过TCP/IP网线连接到楼层交换机,实现与监控中心门禁管理主机的通信。通过控制器上的辅助信号输入点和联动输出点可实现与闭路监控系统,防盗及消防报警系统等其他系统的实时通信和协调联动。

当然,由于各防范区域的要求和门的结构不同,现场的门禁设备选择也不尽相同,即要根据不同的门来选用不同的门锁设备,并要根据防范区域的不同要求来选用各类识读器,比如可选单密码读卡器、或单感应卡读卡器、或选配带密码键盘和感应卡读卡器,可实现卡+密码双重验证、防胁迫密码报警等功能。

6.2.2 门禁管理系统功能介绍

成熟的门禁管理系统实现的基本功能:对通道进出权限的管理。

(1)进出通道的权限:就是对每个通道设置哪些人可以进出,哪些人不能进出。

(2)进出通道的方式:就是对可以进出该通道的人进行进出方式的授权。

(3)门禁系统:进出方式通常有密码、读卡(生物识别)、读卡(生物识别)+密码三种方式。

(4)进出通道的时段:就是设置可以该通道的人在什么时间范围内可以进出。

(5)实时监控功能:系统管理人员可以通过微机实时查看每个门区人员的进出情况(同时有照片显示)、每个门区的状态(包括门的开关,各种非正常状态报警等);也可以在紧急状态打开或关闭所有的门区。

(6)出入记录查询功能:系统可储存所有的进出记录、状态记录,可按不同的查询条件查询,配备相应考勤软件可实现考勤、门禁一卡通。

(7)异常报警功能:在异常情况下可以实现微机报警或报警器报警,如:非法侵入、门超时未关等。

(8)消防报警监控联动功能:在出现火警时门禁系统可以自动打开所有电子锁让里面的人随时逃生。与监控联动通常是指监控系统自动将有人刷卡时(有效/无效)录下当时的情况,同时也将门禁系统出现警报时的情况录下来。

(9)网络设置管理监控功能:大多数门禁系统只能用一台微机管理,而技术先进的系统则可以在网络上任何一个授权的位置对整个系统进行设置监控查询管理,也可以通过 Internet 网上进行异地设置管理监控查询。

(10)逻辑开门功能:简单地说就是同一个门需要几个人同时刷卡(或其他方式)才能打开电控门锁。

6.3 监控管理系统

典型的电视监控系统主要由前端监视设备、传输设备、后端存储、控制及显示设备这五大部分组成,其中后端设备可进一步分为中心控制设备和分控制设备。前、后端设备有多种构成方式,它们之间的联系(也可称为传输系统)可通过电缆、光纤、微波等多种方式来实现。

6.3.1 监控系统的组成结构

1.表现层

表现层是我们最直观感受到的,它展现了整个安防监控系统的品质。如监控电视墙、监视器、高音报警喇叭、报警自动驳接电话等都属于这一层。

2. 控制层

控制层是整个安防监控系统的核心,它是系统科技水平的最明确体现。通常控制方式有两种——模拟控制和数字控制。

3. 处理层

处理层或许该称为音视频处理层,它将由传输层送过来的音视频信号加以分配、放大、分割等处理,有机地将表现层与控制层加以连接。音视频分配器、音视频放大器、视频分割器、音视频切换器等等设备都属于这一层。

4. 传输层

传输层相当于安防监控系统的血脉。在小型安防监控系统中,最常见的传输层设备是视频线、音频线;对于中远程监控系统而言,常使用的是射频线、微波;对于远程监控而言,通常使用 Internet 这一廉价载体。值得一提的是,新出现的传输层介质——网线/光纤。大多数人在数字安防监控上存在一个误区,他们认为控制层使用的数字控制的安防监控系统就是数字安防监控系统了,其实不然。纯数字安防监控系统的传输介质一定是网线或光纤。信号从采集层出来时,就已经调制成数字信号了,数字信号在已趋成熟的网络传输,理论上是无衰减的,这就保证远程监控图像的无损失显示,这是模拟传输无法比拟的。当然,高性能的回报也需要高成本的投入,这是纯数字安防监控系统无法普及最重要的原因之一。

5. 执行层

执行层是我们控制指令的命令对象,在某些时候,它和后面所说的支撑层、采集层不太好截然分开,一般认为受控对象即为执行层设备。比如:云台、镜头、解码器、球等。

6. 支撑层

顾名思义,支撑层是用于后端设备的支撑,保护和支撑采集层、执行层设备。它包括支架、防护罩等辅助设备。

7. 采集层

采集层是整个安防监控系统品质好坏的关键因素,也是系统成本开销最大的地方。它包括镜头、摄像机、报警传感器等。

6.3.2 监控系统的组成部分

1. 摄像机

摄像机是将现场图像变成视频信号的设备,基本参数有:成像器件(基本采用 CCD 固定成像元件)、电源种类(220VAC,24VAC,12VDC 等)、信号种类(彩色/黑白)、最低照度(LUX),是否带逆光补偿、分辨率、靶面尺寸、镜头接口(C/CS)等。

2. 镜头

镜头是将观察目标的光像聚焦于 CCD 成像器件上的元件,根据作用不同可分为常用镜头、特殊镜头(广角镜头、针孔镜头等)两类。其基本参数有:焦距、光圈(自动、手动)、视场角、镜头安装接口(C/CS)、景深等。

3. 云台

云台是控制现场摄像机的设备,其控制的主要功能有摄像机的上、下、左、右旋转、镜头的变焦、接收报警输入、产生报警输出等。

4. 监视器

监视器是将现场信号重新显示的设备,作为监控系统的输出部分,是整个系统的重要组成,所以正确选择监视器是影响系统整体效果及可靠性的关键环节。其基本参数有:画面尺寸、黑白/彩色、分辨率等。

5. 矩阵切换器

矩阵切换器是系统的核心部件,其主要功能有以下几点。

图像切换:将输入的现场信号切换至输出的监视器上,实现用较少的监视器对多处信号的监视。

控制现场:可控制现场摄像机、云台、镜头、辅助触点输出等。

RS-232 通信:可通过 RS-232 标准端口与计算机等进行信息通信。

可选的屏幕显示:在信号上叠加日期、时间、视频输入编号、用户定义的视频输入或目标的标题、报警标题等以便监视器显示。

通用巡视及成组:切换系统可设置多个通用巡视多个成组切换。

事件定时器:系统有多个用户定义时间,用以调用通用巡视到输出。

口令和优先等级:系统可设置多个用户编号,每个用户有自己的密码,根据用户的优先等级来限制用户使用一定的系统功能。

6. 图像处理器

图像处理器是将多路视频信号合成,以便录像和监视的设备。其基本参数有输入视频信号路数(根据不同型号可有四、九、十六路等多种规格)、单/双工、彩色/黑白、图像效果(像素)、是否带有视频移动报警功能等。

7. 录像机

录像机是监控系统的记录和重放装置,根据其录制时间可有 24、36、48、72 等多种规格,利用计算机硬盘进行数字录像已成为趋势。

对于数字视频监控,根据系统各部分功能的不同,我们将整个数字视频监控系统划分为七层——表现层、控制层、处理层、传输层、执行层、支撑层、采集层。当然,由于设备集成化越来越高,对于部分系统而言,某些设备可能会同时以多个层的身份存在于系统中。

8. 磁盘阵列

在大型监控系统中,由于监控录像多,储存大,则要用到磁盘阵列。磁盘阵列是由很多价格较便宜的磁盘,组合成一个容量巨大的磁盘组,利用个别磁盘提供数据所产生加成效果提升整个磁盘系统效能。利用这项技术,将数据切割成许多区段,分别存放在各个硬盘上。

磁盘阵列还能利用同位检查(Parity Check)的观念,在数组中任意一个硬盘故障时,仍可读出数据,在数据重构时,将数据经计算后重新置入新硬盘中。

9. 监控管理平台

它结合了现代音、视频压缩技术、网络通信技术、计算机控制技术、流媒体传输技术,采用模块化的软件设计理念,将不同客户的需求以组件模块的方式实现;以网络集中管理和网络传输为核心,完成信息采集、传输、控制、管理和储存的全过程,能够架构在各种专网/局域网/城域网/广域网之上,超视科技与市场主流硬件厂商配合,兼容多种品牌硬件产品。真正实现了监控联网、集中管理,授权用户可在网络的任何计算机上对监控现场实时监控,提供了强大的、灵活的网络集中监控综合解决方案。

6.3.3 数字监控系统的特点

1. 网络化

监控进入计算机网络,领导分控均在办公室的计算机上实现。

2. 数字化

监控图像,控制及报警信息数字化后进入计算机,可以充分利用高科技手段进行系统管理和图像处理。

3. 广域化

可以实现全行业大范围内的监控报警联网。

4. 智能化

通过软件对各种监控及报警信息,检测数据等进行智能化的分类处理,并可根据不同用户的要求确定监控报警操作流程。

6.3.4 数字化监控系统的功能

1. 监控功能

图像切换,多画面观看,云台及镜头控制,云台预置,计算机数字录像,管理及回收,图像清晰度(速度)调整。

2. 报警功能

报警输入、防火、防盗、环境温湿度、设备运行故障、事故等多种报警源。

报警联动:一旦发生报警,系统将产生联动即自动录像、发警报、开灯、远程传输至接控中心、中心语音提示。

多路接警:中心可同时接收多个变电站同时报警。

3. 控制功能

远程控制照明、空调、报警设防或撤防、前端故障远程复位、环境温度、重点部位温度测量。

4. 管理功能

值班人员及领导分控管理,系统运行日志,警情处理,网上分控优先权管理,确保系统安全运行。

监控系统结构图如图 6-4 所示。

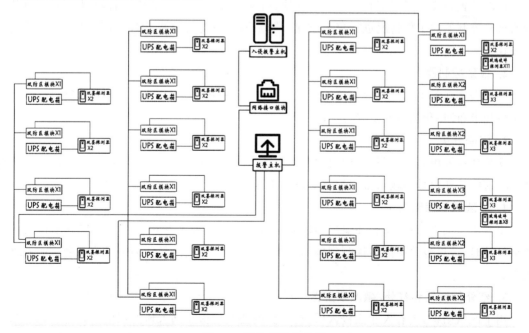

图 6-4 监控系统结构图

6.4 入侵管理系统

入侵报警系统是指当非法侵入防范区时,引起报警的装置,它是用来发出出现危险情况信号的。入侵报警系统就是用探测器对建筑内外重要地点和区域进行布防。它可以及时探测非法入侵,并且在探测到有非法入侵时,及时向有关人员示警。譬如门磁开关、玻璃破碎报警器等可有效探测外来的入侵,红外探测器可感知人员在楼内的活动等。一旦发生入侵行为,能及时记录入侵的时间、地点,同时通过报警设备发出报警信号。

6.4.1 入侵管理系统基本组成

入侵报警系统通常由前端设备(包括探测器和紧急报警装置)、传输设备、处理/控制/管理设备和显示/记录设备部分构成。

前端探测部分由各种探测器组成,是入侵报警系统的触觉部分,感知现场的温度、湿度、气味、能量等各种物理量的变化,并将其按照一定的规律转换成适于传输的电信号。

操作控制部分主要是报警控制器。监控中心负责接收、处理各子系统发来的报警信息、状态信息等,并将处理后的报警信息、监控指令分别发往报警接收中心和相关子系统。

6.4.2 入侵管理系统功能介绍

1. 集中报警控制器

通常设置在安全保卫值勤人员工作的地方,保安人员可以通过该设备对保安区域内各位置的报警控制器的工作情况进行集中监视。通常该设备与计算机相连,可随时监控各子系统工作状态。

2. 报警控制器

通常安装在各单元大门内附近的墙上,以方便有控制权的人在出入单元时进行设防(包括全布防和半布防)和撤防的设置。

3. 门磁开关

安装在重要单元的大门、阳台门和窗户上。当有人破坏单元的大门或窗户时,门磁开关将立即将这些动作信号传输给报警控制器进行报警。

4. 玻璃破碎探测器

主要用于周界防护,安装在窗户和玻璃门附近的墙上或天花板上。当窗户或阳台门的玻璃被打破时,玻璃破碎探测器探测到玻璃破碎的声音后,即将探测到的信号给报警控制器进行报警。

5. 红外探测器和红外/微波双鉴器

用于区域防护,当有人非法侵入后,红外探测器通过探测到人体的温度来确定有人非法侵入,红外/微波双鉴器探测到人体的温度和移动来确定有人非法侵入,并将探测到的信号传输给报警控制器进行报警。

6.4.3 入侵管理系统组建模式

根据信号传输方式的不同,入侵报警系统组建模式宜分为以下模式。

1. 分线制

探测器、紧急报警装置通过多芯电缆与报警控制主机之间采用一对一专线相连。

2. 总线制

探测器、紧急报警装置通过其相应的编址模块与报警控制主机之间采用报警总线(专线)相连。

3. 无线制

探测器、紧急报警装置通过其相应的无线设备与报警控制主机通信,其中一个防区内的紧急报警装置不得大于 4 个。

4. 公共网络

探测器、紧急报警装置通过现场报警控制设备和/或网络传输接入设备与报警控制主机之间采用公共网络相连。公共网络可以是有线网络,也可以是有线—无线—有线网络。

入侵报警系统结构图如图 6-5 所示。

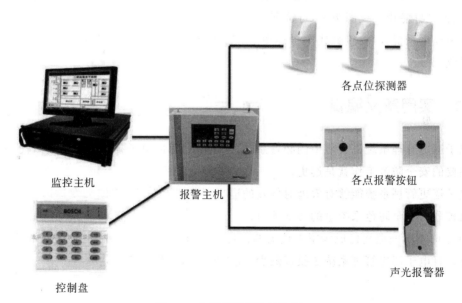

图 6-5 入侵报警系统结构图

6.5 巡更系统

将巡更点安放在巡逻路线的关键点上,保安在巡逻的过程中用随身携带的巡更棒读取自己的人员点,然后按线路顺序读取巡更点,在读取巡更点的过程中,如发现突发事件可随时读取事件点,巡更棒将巡更点编号及读取时间保存为一条巡逻记录。定期用通讯座将巡更棒中的巡逻记录上传到计算机中。管理软件将事先设定的巡逻计划同实际的巡逻记录进行比较,就可得出巡逻漏检、误点等统计报表,通过这些报表可以真实的反映巡逻工作的实际完成情况。

6.5.1 巡更系统组成及特点

巡更系统包括:巡更棒、通讯座、巡更点、人员点(可选)、事件本(可选)、管理软件(单机版、局域版、网络版)等主要部分。

巡更棒:巡检人员随身携带,用于巡检。

通讯座或数据线:用于连接巡检器和计算机的通信设备。

巡更点:布置于巡检线路中,无须电源、无须布线。

管理软件:用于查询、统计供管理人员使用。

人员卡:用于更换巡更人员。

充电器:用于给巡更机的充电。

事件本:可事先输入可能发生的事件,巡更时可读取事件注。一个管理中心可配一条通信线、一套管理软件、多个巡检器/巡更棒、多个地点卡;人员卡可根据用户要求选配,用于区分巡检人员;夜光标签用于夜间指示,可选配。

电子巡更系统分类:接触式电子巡更系统、感应式电子巡更系统、在线式巡更系统、GPS巡检系统。

6.5.2 实用意义编辑

电子巡更管理系统是安防中的必备系统,因为没有任何电子技防设备可以取代保安,而保安最主要的安全防范工作就是巡更。

电子巡更管理系统能够有效地对保安的巡更工作进行管理,在欧美发达国家及中国的发达地区被列为安全防范系统里的必备项目。

24小时不间断巡更已成为很多楼盘的宣传卖点,该卖点就需要靠电子巡更管理系统来监管保证。且电子巡更管理系统是投资最少,成效最高的安防系统。

6.6 安防集成系统

安防集成系统是大规模、分布式安全监控和多级联网管理的综合性安保管理平台,系统实现对联网系统中不同种类的模拟视频系统、数字视频系统、防范报警系统、门禁与通道管理系统、巡更系统以及其他第三方系统和设备的集中监控与整合管理功能。对系统中的安防信息进行收集、传输、存储、分类、融合分析及分发共享处理,提供用户强大的安全应急处置、科学决策及指挥调度能力,且通过标准化的接口和协议与用户的具体业务应用紧密结合,为用户提供先进的安全管理模型、流程优化工具、科学业务决策和管理机制创新,能满足行业客户高可靠性、复杂性和灵活性的安全防范管理需求。

1. 可定制不同规模解决方案

综合安保集成系统可以通过多台设备的集群构建大规模的大型安防监控系统,同时整合所有安全防范业务为一体。针对小规模的系统,最简单的解决方案由一个计算机终端实现所有图像显示、视频录像、门禁控制、考勤管理、设备控制、报警管理以及安防联动等功能。

2. 安防业务任意组合,满足用户业务整合的需求

视频智能分析:活动目标跟踪、警戒线报警、闯入报警、遗留物报警、双警戒线报警。

门禁系统:门禁状态监控、门禁开关控制、双门互锁、布防控制。

报警系统:布防、拆防、报警接收、联动控制、联动输出、联动110。

周界防范:联动报警、联动录像。

巡更:联动图像抓拍、联动录像。

车牌识别:车辆录像、车辆图像抓拍。

环境数据采集系统:数据阈值报警、联动录像、联动报警。

短消息报警:短消息报警控制。

6.7　安防系统常用符号

1	周界防护装置及防区等级符号			
编号	图形符号	名称	英文	说明
1.1		栅栏	fence	单位地域界标
1.2		监视区		区内有监控人员出入受控制
1.3				全部在严密监控防护之下人员出入受限制
1.4			Forbidden zone	位于保护区内,禁区人员出入受严格限制
1.5		保安巡逻打卡器		

1		周界防护装置及防区等级符号		
编号	图形符号	名称	英文	说明
1.6		警戒电缆传感器	guardwirecable sensor	
1.7		警戒感应处理器	guardwire sensor processor	
1.8		周界报警控制器	console	
1.9		界面接口盒	interface box	
1.10	Tx IR Rx	主动红外入侵控测器	active infrared intrusion detector	发射、接收分别为 Tx、Rx
1.11	W	张力导线探测器	tensioned wire detector	
1.12	E	静电场或电磁场探测器	electrostatic or electromagnetic fence detector	
1.13	Tx M Rx	遮挡式微波探测器		
1.14	L	埋入线电场扰动探测器	buried line field disturbance detector	
1.15	c	弯曲或震动电缆探测器	flex or shock sensitive cable detector	
1.16	ɗ	微音器电缆探测器	microphonic cable detector	
1.17	F	光缆探测器	fibre optic cable detector	
1.18	✓	压力差探测器	pressure differential detector	
1.19	H	高压脉冲探测器	high voltage pulse detector	
1.20	LD	激光探测器		

2	出入口控制器材			
编号	图形符号	名称	英文	说明
2.1		楼寓对讲电控 防盗门主机	Mains control module for flat intercom electrical control door	
2.2		对讲电话分机	interphone handset	
2.3		锁匙电开关	key controlled switches	
2.4		密码开关	code switches	
2.5	EL	电控锁	electro-mechanical lock	
2.6	E	电锁按键	button for electro-mechani clock	
2.7		声控锁	acoustic control lock	
2.8		出入口数据处理设备		
2.9		可视对讲机	video entry security intercom	
2.10		读卡器	card reader	

2	出入口控制器材			
编号	图形符号	名称	英文	说明
2.11		键盘读卡器		
2.12		指纹识别器	finger print verfier	
2.13		掌纹识别器	palm print verifier	
2.14		人像识别器		
2.15		眼纹识别器		
2.16		卡控叉形转栏		
2.17		卡控旋转栅门		
2.18		卡控旋转门		

3		报警开关		
编号	图形符号	名称	英文	说明
3.1		紧急脚挑开关	deliberately-operated device(foot)	
3.2		钞票夹开关	money clip(spring or gravityclip)	
3.3		紧急按钮开关	deliberately-operated device(manual)	
3.4		压力垫开关	pressure pad	
3.5		门磁开关	magnetically-gperated protective switch	
4		视、听器材		
编号	图形符号	名称	英文	说明
4.1		声控装置	audio surveil lancedevice(microphone)	
4.2		报警自动照相机	security camera, still-frame	
4.3		视频印像机		
5		振动、接近式探测器		

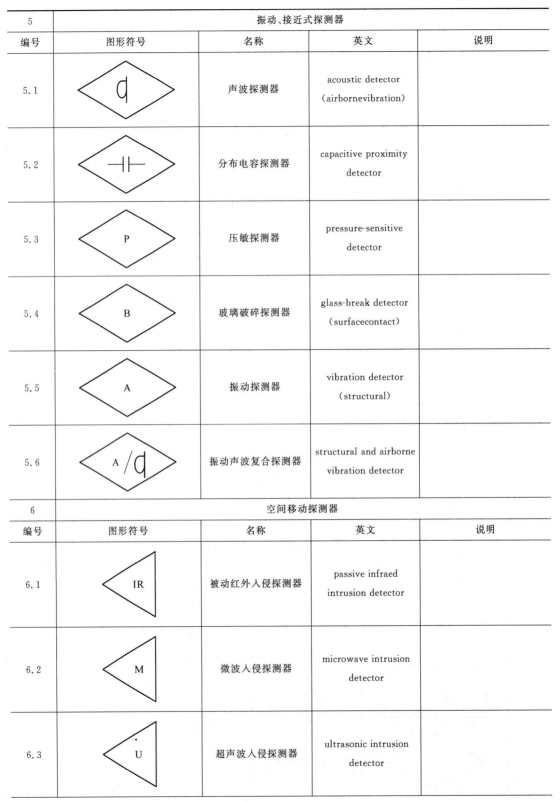

5	振动、接近式探测器			
编号	图形符号	名称	英文	说明
5.1		声波探测器	acoustic detector（airbornevibration）	
5.2		分布电容探测器	capacitive proximity detector	
5.3	P	压敏探测器	pressure-sensitive detector	
5.4	B	玻璃破碎探测器	glass-break detector（surfacecontact）	
5.5	A	振动探测器	vibration detector（structural）	
5.6	A/	振动声波复合探测器	structural and airborne vibration detector	
6	空间移动探测器			
编号	图形符号	名称	英文	说明
6.1	IR	被动红外入侵探测器	passive infraed intrusion detector	
6.2	M	微波入侵探测器	microwave intrusion detector	
6.3	U	超声波入侵探测器	ultrasonic intrusion detector	

6		空间移动探测器		
编号	图形符号	名称	英文	说明
6.4	IR/U	被动红外/超声波双技术探测器	IR/U dual-tech motion detector	
6.5	IR/M	被动红外/微波双技术探测器	IR/U dual-technology detector	
6.6	x/y/z	三复合探测器		X,Y,Z 也可是相同的，如：X=Y=Z=IR
7		声、光报警器		
编号	图形符号	名称	英文	说明
7.1		声、光报警箱	alarm box	
7.2		报警灯箱	beacon	
7.3		警铃箱	bell	
7.4		警号箱	siren	

8		控制和联网器材		
编号	图形符号	名称	英文	说明
8.1		密码操作报警控制箱	keypad operate dcontrol equipment	
8.2		开关操作控制箱	key operated control equipment	
8.3		时钟或程序操作控制箱	timer or programmer operated control equipment	
8.4		灯光示警控制器	visible indication	
8.5		声响告警控制箱	audibleinde cation equipment	
8.6		开关操作声、光报警控制箱	key operated, visible&audible indication equipment	
8.7		打印输出的控制箱	print-outfaci lity equipment	
8.8		电话报警联网适配器		
8.9		保安电话	alarm subsidiary interphone	
8.10		密码操作电话自动报警传输控制箱	keypad control equipment with phonelinetran seiver	
8.11		电话联网,计算机处理报警接收机	phone line alarm receiver with computer	

8		控制和联网器材		
编号	图形符号	名称	英文	说明
8.12		无线报警发射装置器	radio alarm transmitter	
8.13		无线联网计算机处理报警接收机	radio alarm receiver with computer	
8.14		有线和无线报警发送装置	phone and radio alarm transmitter	
8.15		有线和无线网计算机处理接收机	phone and radio alarm receriver with computer	
8.16		模拟显示板	Emulation display panel	
8.17		安防系统控制台	Control table for security system	
9		报警传输设备		
编号	图形符号	名称	英文	说明
9.1	P	报警中继数据处理机	processor	
9.2	Tx	传输发送器	transmitter	

9	报警传输设备			
编号	图形符号	名称	英文	说明
9.3	Rx	传输接收器	receiver	
9.4	Tx/Rx	传输发送、接收器	transceiver	
10	电视监控器材			
编号	图形符号	名称	英文	说明
10.1		标准镜头器	standard lens	
10.2		广角镜头	pantoscope lens	
10.3		自动光圈镜头	autoiris lens	
10.4		自动光圈电动聚焦镜头	autoiris lens，motorized focus	
10.5		三可变镜头	motorized zoom lens motorizediris	
10.6		黑白摄像机	B/wcamera	
10.7		彩色摄像机	color camera	
10.8		微光摄像机器	star light leval camera	

10	电视监控器材			
编号	图形符号	名称	英文	说明
10.9		室外防护罩器	outdoor housing	
10.10		室内防护罩	indoor housing	
10.11		时滞录像机	time lapse video tape recorder	
10.12		录像机	video tape recorder	普通录像机,彩色录像机通用符号
10.13		监视器(黑白)	B/wdisplay monitor	
10.14		彩色监视器	color monitor	
10.15		视频报警器	video motion detector	
10.16		视频顺序切换器	sequential video switcher	X 代表几位输入 Y 代表几位输出
10.17		视频补偿器	video compensator	

10	电视监控器材			
编号	图形符号	名称	英文	说明
10.18	TG	时间信号发生器		
10.19	VD（Y、X）	视频分配器		X代表输入 Y代表几位输出
10.20		云台		
10.21		云台、镜头控制器		
10.22	（X）	图像分割器		X代表画面数
10.23	O / E	光、电信号转换器		GB4728.10
10.24	E / O	电、光信号转换器		
11	电源源器材			
编号	图形符号	名称	英文	说明
11.1	PSU	直流供电器	combination of rechargeable battery and transformed charger	具有再充电电池和变压器充电器组合设备
11.2	PSU	交流供电器	main supply power source	

11	电源源器材			
编号	图形符号	名称	英文	说明
11.3		一次性电池	battery supply power source	
11.4		可充电的电池	battery or standby battery rechargeablue	
11.5		变压器或充电器	transformer or chargerunit	
11.6		备用发电机	standby generator	
11.7		不间断电源	uninterrupted powersupply	
12	汽车防盗报警器			
编号	图形符号	名称	英文	说明
12.1		汽车防盗报警主机		
12.2		状态指示器		
12.3		寻呼接收机		
12.4		遥控器		

12	汽车防盗报警器			
编号	图形符号	名称	英文	说明
12.5	FD	点火切断器		
12.6		针状开关		
12.7		汽车报警无线电台		GB4728.10
12.8		测向无线电接收电台		GB4728.10
12.9		无线电地标发射电台		GB4728.10
13	防爆和安全检查产品			
编号	图形符号	名称	英文	说明
13.1		X 射线安全检查设备	X-ray security inspection equi-pment	
13.2		中子射线安全设备	neutron ray security inspection equipment	
13.3		通过式金属探测器		

13		防爆和安全检查产品		
编号	图形符号	名称	英文	说明
13.4		手持式金属探测器		
13.5		排爆机器人		
13.6		防爆车	explosive proofcar	
13.7		爆炸物销毁器		
13.8		导线切割器	leadcutter	
13.9		防爆箱	explosive proofbox	
13.10		防爆毯	explosive proofblanket	
13.11		防爆服	explosive proofuniform	
13.12	LBC	信件炸弹检测仪	letter check instrument for bomb	
13.13	BP	防弹背心		

13	防爆和安全检查产品			
编号	图形符号	名称	英文	说明
13.14		防刺服		
13.15		防弹玻璃		

参 考 文 献

[1] 中华人民共和国住房和城乡建设部.电子信息系统机房设计规范[S].北京:中国计划出版社,2008.

[2] 中国电力科学研究院.电能质量 供电电压偏差[S].北京:中国电力出版社,2008.

[3] 中国国家标准化管理委员会.电子计算机场地通用规范[S].北京:中国建筑工业出版社,2011.

[4] 中国国家标准化管理委员会.标准电压[S].北京:中国标准出版社,2007.

[5] 中国航空工业规划设计研究院.工业与民用配电设计手册[S].北京:中国电力出版社,2005.

[6] 中华人民共和国机械工业部.家用和类似用途单相插座形式、基本参数和尺寸[S].北京:中国标准出版社,1999.

[7] 中华人民共和国机械工业部.家用和类似用途插座第 2 部分:转换器的特殊要求[S].北京:中国标准出版社,1997.

[8] 中华人民共和国机械工业部.家用和类似用途的器具耦合器第 1 部分:通用技术要求[S].北京:中国标准出版社,1997.

[9] 中华人民共和国建设部.综合布线系统工程设计规范[S].北京:中国计划出版社,2007.

[10] 中华人民共和国建设部.自动喷水灭火系统设计规范[S].北京:中国计划出版社,2001.

[11] 中国通信企业协会通信网络运营专业委员会.数据中心基础设施维护规程 [M].北京:电子工业出版社,2016.

[12] 中华人民共和国住房和城乡建设部.民用建筑供暖通风与空气调节设计规范[S].北京:中国建筑工业出版社,2012.

附 录
系统管线图的图形符号

（补充件）

表 A1　电线图表符号

直流配电线	-----------------------	单根导线	
控制及信号线		2 根导线	
交流配电线		3 根导线	
同轴电缆		4 根导线	
线路交叉连接		n 根导线	n
交叉而不连接		视频线	v
光导纤维		电报和数据传输线	T
声道	S	电话线	F
		屏蔽导线	

表 A2　配线的文字符号

明配	M	暗配线	A
瓷瓶配线	CP	木槽板或铝槽板配线	CB
水煤气管配线	G	塑料线槽配线	XC
电线管（薄管）配线	DG	塑料管配线	VG
铁皮蛇管配线	SPG	用钢索配线	B
用卡钉配线	QD	用瓷夹或瓷卡配线	GJ

表 A3　线管配线部位的符号

沿钢索配线	S	沿梁架下弦配线	L
沿柱配线	Z	沿墙配线	Q
沿天棚配线	P	沿竖井配线	SQ
在能进入的吊顶内配线	PN	沿地板配线	D